U0683239

国学之智 开释人生

张笑恒——编著

图书在版编目（CIP）数据

国学之智　开释人生 / 张笑恒编著. ——北京：新华出版社, 2019.8

ISBN 978-7-5166-4812-4

Ⅰ. ①国… Ⅱ. ①张… Ⅲ. ①成功心理－通俗读物 Ⅳ. ①B848.4-49

中国版本图书馆CIP数据核字(2019)第177933号

国学之智　开释人生

作　　者： 张笑恒

责任编辑： 唐波勇　　**图书策划：** 郑书凤

装帧设计： 赵志军

出版发行： 新华出版社

地　　址： 北京石景山区京原路8号　　**邮　　编：** 100040

网　　址： http://www.xinhuapub.com

经　　销： 新华书店

购书热线： 010-63077122　　**中国新闻书店购书热线：** 010-63072012

照　　排： 新华出版社照排中心

印　　刷： 河北涿州市京南印刷厂

成品尺寸： 170mm×240mm

印　　张： 16　　**字　　数：** 260千字

版　　次： 2019年11月第一版　　**印　　次：** 2019年11月第一次印刷

书　　号： ISBN 978-7-5166-4812-4

定　　价： 48.00元

版权专有，侵权必究。如有质量问题，请与出版社联系调换：010-63077101

前言

华夏文明悠悠五千年，中华民族的文化独具魅力且博大精深。国学是什么？国学是诸子百家，竞相争鸣；国学是四书五经，汗牛充栋；国学是二十四史，一脉传承；国学是唐诗宋词，吟咏人生……

国学体系以儒、释、道三家学问为主干又分成文学、艺术、戏剧等支脉，但都是突出表现在儒、释、道三家学问，既鼎足而立，各有不同的探究领域、表述方法和理论特征，又互相渗透，互相吸收，相辅相成，共存并进。

儒家以“穷则独善其身，达则兼济天下”为座右铭；释家又强调“因果轮回，教人从善”；道家说“道法自然”、“无为无不为”，究其根本都离不开“正心、修身、齐家、治国、平天下”几个方面。所以南宋孝宗提出“以儒治世，以道治身，以佛治心”，以后又有所谓“强者尊儒，智者信道，慧者尚佛”之说。

国学思想是中华民族、华夏子孙共同的血脉和灵魂，是连接每一位龙的传人的精神纽带。正如儒家所说：“大道之行也，天下为公。”宋濂在《元史·列传第三十》中也说：“幼肄业国学，博通群书，其正心修身之要得诸许衡及父兄家传。长袭宿卫，风神凝远，制行峻洁，望而知其为贵介公子。”

一个没有自己文化根基的民族可能会成为一个大国甚至富国，但绝对不会成为一个强国，它只能是昙花一现瞬间的闪耀，但绝不能永远屹立于世界强国之林！而一个民族若想健康持续发展，则必然有其凝聚民众的国民精神，且这种国民精神也必然是在自身漫长的历史发展中由本国人民创造形成的。

中华巨龙在新世纪的腾飞，中华民族伟大复兴的实现，离不开国学这块强大坚实基石的支撑。

一个国家需要文化根基和精神支柱，具体到每个人也是如此。一个人的成败很大程度上取决于他的思维方式，而一个人的思维能力的成熟亦绝非先天注定，它是在一定的文化氛围中形成的。国学作为涵盖经、史、子、集的庞大知识思想体系，恰好能为我们提供一种氛围、一个平台。潜心于国学的学习，人们就会发现其蕴含着无穷的智慧，并从中领略到恒久的治世之道与管理之智，也可以体悟到超脱的人生哲学与立身之术。

现今社会，崇尚国学，学习国学，是提高个人道德水准和建构正确价值观念的重要途径。倡导国学意义深远，是我们每一个有责任心的国人长期而艰巨的任务。一个民族若想屹立于世界民族之林，就必须有自己的文化作为精神支柱和智慧之源。而国学思想是中华传统文化的底蕴精髓，对社会各层次各方面都影响深远，对于传承中华文明，增强民族凝聚力以及中华民族的复兴都起着重要作用。

国学是我们民族的魂，无论沉寂多久，终会被继承和发扬。近几年，国学再次被推崇，许多人开始重拾经典，并从中“温故知新”。但是，我们应该如何解读这些经典？如何理解其中的妙义？在生活中我们又如何运用？

章太炎先生在《国故论衡》以及《国学概论》中，最早提出“国学”一说，又称为国故。国学以先秦经典及诸子学说为基础，包含两汉经学、魏晋玄学、隋唐佛学、宋明理学和同时期的汉赋、六朝耕文、唐宋诗词、元曲与明清小说以及历代史学等内容，形成了源远流长、博大精深的国学经典。

本书吸取国学典籍中经典的内容与论点加以解读，饱含着独到而深刻的见解，围绕做人、做事、人生规划、心态修炼……借助国学思想来解读中国人所遵循的人情事理。在国学的浩瀚海洋中，他们就像是灯塔，让我们对于经典的重温有了方向和依托。通过经典国学的大智慧，走进古老而又年轻的国学殿堂，开释我们的人生。

目录

目录

清·王翚　九华秀色图轴

第一章

修心

大度看世界，从容过人生

国学之智

容人之过，学会原谅某些冒犯

子贡问曰：『有一言而可以终身行之者乎？』子曰：『其恕乎！』

——《论语·卫灵公》

子贡曾问孔子:“老师，有没有一个词，可以作为终身奉行的原则呢？”孔子说:“那大概就是宽恕吧！”

宽容别人,不要为了一点小事,就与别人“势不两立”。“忍一时风平浪静，退一步海阔天空”。这并不是懦弱，也不是忍让，而是宽容。在人际交往过程中，人与人之间的相处总是不可避免地会发生一些摩擦，或因观念的冲突，或因秉性的不和。

宽容是一种博大的胸怀，宽容是一种至上的美德，宽容是一种海纳百川的道理，宽容是一块成就大业的基石。要创造一个良好的和谐的人际关系，我们就每一个人都应学会宽容，理解他人，也是为自己营造一个良好的环境。

三国时期的蜀国，在诸葛亮去世后，蒋琬接任宰相主持朝政。他的属下有个叫杨戏的人，甚为蒋琬看重，但是杨戏性格孤僻，讷于言语。蒋琬与他说话,他也是只应不答。于是就有些别有用心的人,在蒋琬面前嘀咕说:“杨戏这人对您如此怠慢，太不像话了！”蒋琬坦然一笑，说:“人心不同，各如其面，当面顺从而背后非议，这是君子所不为的。杨戏要称赞我，不是他的本意，要反驳我，又会表明我的错误，所以沉默不语。这正是他为人坦诚的表现。”后来，有人赞蒋琬“宰相肚里能撑船”。

其实任何的想法都有其来由，任何的动机都有一定的诱因。要想了解对方想法的根源，就得设身处地的好好想想。

宽容有时是一种幸福，那些缺少宽容的人，总是会为了些琐碎小事而耿耿于怀，稍不如意，便会拍案而怒，甚至对他人恶语相向。从此让自己陷入了斤斤计较的泥潭，生活变得黯淡无光。

宽容又是一种生活的智慧，有时原谅别人的某些冒犯，并不会让人觉得你软弱，反而能够赢得别人的尊重。这种宽容是一种博大的胸怀，是一种不拘小节的洒脱，也是一种伟大的仁慈。

清朝康熙年间，文华殿大学士兼礼部尚书张英乃是安徽桐城县人，有一年，他的家人因为盖房子，而与邻居桐城名医叶天士家在宅基地问题上发生了争执，两家人寸步不退，一时间僵持不下，最后，叶家更是一纸诉状告到了县衙。张家京城有人自然不慌，于是便派管家飞书京城，让张英利用权势“摆平”叶家。而张英看了家信后，只是淡淡一笑，提笔写下了一首诗，让管家带回去。“千里修书只为墙，让他三尺又何妨。长城万里今犹在，不见当年秦始皇。”家人见书，立马明白了他的意思，心中感到很惭愧，就来到叶家，告诉叶天士，张家准备明天拆墙，后退三尺让路。叶家以为是戏弄他们，根本不相信这是真话。管家就把张英这首诗给叶秀才看。叶家看了这首诗，十分感动，连说：“宰相肚里能撑船，张宰相真是好肚量。”

第二天早上，张家就动手拆墙，后退了三尺。叶家见了心中也很感动，就把自家的墙拆了也后退了三尺。于是张、叶两家之间就形成了一条百来米长六尺宽的巷子,被称为“六尺巷”。据说,这里成了桐城县一处历史名胜,一直保存下来。

尺许篱墙只是意气之争，多几尺少几尺都无关紧要，张英不愧是大学士出身，区区三尺墙便化解了邻里之间的矛盾，更是赢得了大家的尊敬。

对于别人的过错与冒犯，必要的指出这无可厚非，但若是能以博大的胸怀宽恕别人，岂不是更好。以宽容的心去看待他人的过错，那自然就可以原谅别人。

在天性善良，心胸宽广的君子眼中，世间的万事万物都是美好的，因为他总是抱着乐观开朗的态度去看待，待人接物都怀着宽大为怀的原则。而对于那些自私狭隘的人来说，对不符合自己心意的事物只是一味地去谴责和迁怒，在他们的眼中，世间的一切似乎都在与他作对，都在对不起他。这样的人，自然不可能领悟到人生的真谛。

为人常怀一颗宽容之心，就能理解别人的难处，从而原谅别人的过错。同时它也是自身摆脱烦恼的良药，人际交往中，唯有抱着谦和宽容的心态去相处，才能够获得真诚和友谊。

懂得释怀，不计前嫌不念旧恶

不责人小过，不发人阴私，不念人旧恶。三者可以养德，也可以远害。

——洪应明

君子应该有很好的气度，拥有高尚的品德，他不会责难别人微小的过错，不会揭发别人的隐私秘密，不会铭记别人过去的错误。这三种做法都可以培养一个人的品德，也可以使人远离危害。

不念旧恶，即是包容别人，同时也可以感化他人。如果每个人都可以做到，这个世界就会多出几分仁爱，少许多怨恨。

子曰："伯夷、叔齐不念旧恶，怨是用希。"

孔子说："伯夷、叔齐两个人从来不记别人过去的罪恶，因此别人对他们的怨恨自然也就少了。"孔子一向都非常赞扬他们的高尚品格，对他们这种不念旧恶的博大胸怀更是倍加推崇。

在汉末三国的宛城之战中，张绣投降曹操后，又乘着曹操不备，伺机发难，杀了曹操的长子曹昂、侄子曹安民和爱将典韦，就连曹操自己的左臂也被张绣的士兵乱箭射伤，险些死在了乱军之中。这可算是曹操戎马生涯中少有的几次险境之一。两人之间的仇怨不可谓不深。后来，张绣为躲避袁绍的报复，又再次向曹操投降时，曹操非常热情的迎接他。曹操的一个部下进言道："张绣与您有大仇，为什么不杀了他呢？"曹操却说："张绣当初之所以能让我损子折将，那是因为他有本事，是个人才。"因而不仅既往不咎，未报杀子之仇，而且还与张绣结成了儿女亲家，并封张绣为扬武将军。

就曹操的人品而言，史书上众说纷纭，不过无论哪家的学说，都没有把他标榜为一个坦荡君子。刘备、孙权、曹操，汉末三国的三位君主中，曹操是被人诟病最多的，但魏国却比蜀吴两国更加强大，这当中曹操不念旧恶的品格无疑帮了他大忙。事实证明，曹操是正确的，后来张绣在官渡之战中立下战功，为曹操统一北方奠定了基础。

不念旧恶需要的是一个宽广的胸怀，不看从前，而着眼未来。放过小恶，只观其大善之处，就能看到人性的闪光点。

《左传·宣公二年》有云："人谁无过，过而能改，善莫大焉。"

人非圣贤，孰能无过！人的一生，有谁能够保证自己没有犯过错误，如果仅仅因为一个错误，就去否定一个人，那未免有失偏颇。

评价一个人不能因为他的一句话或者一个行为对了，就觉得他是一个品格高尚的人，同样的，也不能因为他的一句言语或者一个行为的错失，就认为这个人不好。

楚庄王设赐宴群臣。大家从白天一直喝到了晚上，君臣大多都醉了，大殿上的蜡烛也灭了。这时候，却有人在暗中拉扯王后的衣服。结果王后却扯掉了他的帽缨，并把它给揪断了。

王后对楚王说："这会蜡烛灭了，有人乘机拉扯我的衣服，我把他的帽缨给揪断了。赶快叫人拿烛火来，看断了帽缨的是谁。"楚庄王说："别说了。”接着马上发出令说：“和我一起喝酒，不把帽缨揪下来，我就不高兴啦。”于是，大家的帽缨都没有了，自然也就不知道被王后揪下帽缨的是谁了。这样，楚庄王又与群臣欢乐饮酒，直到宴会结束。

后来吴国兴兵攻打楚国，有一个人在战斗中常打头阵，五次冲锋打退敌人，提取敌方将军的首级献给楚王。楚王感到奇怪而问他：“我对你并没有什么特殊的恩宠，你为何这样报答我呢？”那人回答说：“我就是早先在殿上被揪下帽缨的那个人啊。当时就应该受刑而死，至今愧疚，没能有报效的机会。现在有幸能做一个臣子理应做的事，以报您当时不杀之恩。”

楚庄王无疑是心胸宽广的人，也是一个智者，如果当时他心生怨恨，听从了王后的意见，那么，那个失礼的将军大概会被处死，而其他公卿也会对他心生畏惧。可他却没有这么做，他巧妙地避开了这个尴尬，饶恕了自己的部下，同时也让对方感受到了自己的大度，这才有了后面吴楚之战时部下的以死相报。

有人说：人生就是从错误中累积出来的！又有谁不是从最初的磕磕绊绊中走出来的呢？若是因为一个人犯错而去否定他，那在我们的人生当中，可能永远也找不出一个值得肯定的人了。

生活中有许多事情，不一定要用怨恨去解决，试着去宽容，放过别人的些许错误，也许就可以看到不一样的天空。

人贵自知，不要奢望所有人都喜欢你

甜酸苦辣宜尝遍，是非好恶总由人。

——曾国藩

孟子说：“恻隐之心，人皆有之”。所谓这“恻隐之心”便是同情心，我们也可以把它理解成一种私心偏爱。同样的，有私好自然也会有私恶。这好恶之心，自然也是人皆有之的。

在这个世界上，有爱就有恨，有喜悦就有痛苦，有喜欢你的人，也就一定有不太喜欢你的人。你不能总是以别人是否喜欢你的标准来要求自己！因为世界上的人形形色色，光怪陆离，想要做到投每个人的所好，除非你学会孙悟空的七十二变。而且，就算你真的学会了，又能怎么样？每天变幻着不同的脸谱，来迎合各色人群，到最后只能是失去自我。

大千世界、芸芸众生，每个人都有各自的好恶，不可能所有的人都会喜欢你，所以最重要的还是做好你自己。

雄鹰喜欢搏击长空，鱼儿喜欢畅游浅底，这个世界都是有定数的，山有山的清秀，水有水的妩媚，春有春的明媚，夏有夏的火热，秋有秋的金灿，冬有冬的韵味。同是古典美女，亦有“燕瘦环肥”之别，同样是滋味，也有“酸甜苦辣咸”之分。

没有人可能把全部的美好集于一身，所以，我们不可为别人不喜欢我而耿耿于怀，而应平和的对待，心法自然，把它作为一种自然法则。别人对你的喜爱和厌恶就像是一个太极，孤阴不生，孤阳不长，有阴自然要有阳。

唐代有一位年轻的画家，一次他在画完一副自己十分满意的杰作后，拿到大街上去展出。为了能听取更多的意见，他特意在他的画作旁边放上一支笔，请他人指正。如果有观赏者认为此画有败笔之处，都可以直接用笔在上面圈上标记。当天晚上，画家兴冲冲地去取画，却发现整个画面都被涂满了记号，没有一笔一画不被指责的。他的情绪十分失落，同时对这次的尝试也深感失望。

他把自己的遭遇告诉了一位朋友，朋友建议他换一种方式试试，于是，他临摹了同样一张画去展出。但是这一次，他要求每位观赏者标注出自己最为欣赏的地方。结果，等到他再次取回画时，发现画面也被涂遍了记号。许多曾被指责的地方，如今却都换上了赞美的标记。

他不无感慨地说："现在我终于发现了一个奥秘：无论做什么事情，都不可能让所有的人满意，因为，一些人看来是瑕疵的东西，在另一些人眼里或许是美好的。"

某些人眼里的缺点，在另一些人眼里可能就会变成优点，每个人对人对事对物的看法都是有差别的。客观的评价，说来容易，做起却难，主观的看法，见仁见智，不免偏激。

而在孔子的眼中，即便真的能够做到让每个人都喜欢你，依然算不上是完美。

有人问孔子：“听说某人住在某地，他的邻里相亲全都很喜欢他，你觉得这个人怎么样？”孔子答道：“这样固然很难得，但是在我看来，如果能让所有有德操的人都喜欢他，让所有道德低下的人都讨厌他，那才是真正的君子呢。”

不要试图去赢得所有人的欣赏，按照自己的原则去做事情，道不合不相与为谋。美国前任国务卿鲍威尔曾说过：你不可能同时得到所有人的喜欢是极为明智的。如果你希望和每一个人都搞好关系，最后你付出了很多时间去给别人帮忙，不欣赏你的人仍旧不欣赏你。

无论你怎么为人处世，总是会有人欣赏或厌恶你，你不可能让所有的人都喜欢你，也不可能让所有的人都讨厌你。无论我们做任何事情，来自外界的评价都是有好有坏的。最终你要学着用“被人欣赏”的喜悦，去打败“被人厌恶”的挫败感。对于别人的批评，有则改之，无则加勉，但是我们不能为了它而丧失了自己对事物的判断。

心宽似海，尊敬不喜欢你的人

人唾汝面怒汝也汝拭之乃逆其意所以重其怒。夫唾，不拭自干，当笑而受之。

——《资治通鉴》

娄师德问将要外方刺史的弟弟：“我是宰辅，你为刺史，我们家的荣宠太盛，必然会遭嫉妒，你觉得我们该怎么避免？”其弟说：“兄长不必为我担心，从今往后就算有人把唾沫吐在我脸上，我也会轻轻擦去，绝不计较！”

娄师德摇了摇头说道：“这就是我担心的地方，别人吐你唾沫，就是因为对你有怨恨，你如果把口水擦干，虽然并没有对他表示抗议和不满，但还是违背了人家的意愿，所以会让他对你的怨恨更加的深。因此你最好的办法，就是让唾沫留着，不去擦拭它，让它自己干掉。”

世上人有千百样，在人际交往中难免会遇到不喜欢自己的人，冲突亦是在所难免，这个时候，我们要温和地对待别人的无礼。若是以无礼反击无礼，只会引起更强烈的人际冲突。如果你保持温和的态度，就能有效化解别人的强硬态度，使自己立于不败之地。假如别人无礼的态度使你很受伤，那固然说明对方缺少修养，也说明你的内心过于软弱。与其仇视对方，不如努力训练自己的心里承受能力。

一位修行人赶路的途中在一棵树下睡着了，这时，突然蹿出一条蛇咬伤他的脖颈，修行人因为疼痛醒了过来。

蛇见他醒来了，急忙想要逃走。结果修行人却说："你还没有得到我的感谢！感谢你叫醒我赶路。"蛇奇怪地问："我的毒液会杀死你的，你还要感谢我？"

修行人听了，哈哈大笑说："你什么时候听说过天龙会被一条蛇毒死的呢？收回你的毒液吧，你并不富足到可以将毒液赠我。"于是那蛇又重新爬到他脖子上，吸去了毒液。

面对不怀好意咬伤自己的蛇，修行人不仅没有厌恶或者一气之下杀死蛇，反而还要"感恩"蛇及时"叫醒"自己好赶路，即便蛇告诉他可能为此而丧命，修行人依然不动怒。正是这种"化敌为友"的尊重，促使蛇最终为他吸去了毒液。

有人说人生会遇到完全不同的"三种人"。第一种是能够理解"欣赏和器重自己的人"；第二种是曲解"中伤甚至排斥自己的人"；第三种是与自己毫无关系"无关痛痒的人"。第一种人对自己有知遇之恩，应当尊为师友，滴水之恩当涌泉相报。第二种人可以智慧地远离，而不应烦恼和计较，第三种人要以礼相待、和平共处。但是真正的智者，即便对于不喜欢自己的人，依旧可以感化他、善待它。

一位禅师在旅途中，碰到一个不喜欢他的人。那人在路上始终用各种方法来侮辱禅师。但是禅师始终都没有理会他，直到最后，禅师转身问那人道："如果有人送给你一份礼物，但你拒绝接受，那么这份礼物属于谁呢？"那人一愣，答道："当然是属于原本送礼物的那个人。"禅师笑了，说："没错，若我不接受你的漫骂，那你就是在骂自己。”

心宽了，路自然也就宽了。敞开心胸善待不喜欢自己的人，这是一种勇气和智慧。就像禅师一样，面对侮辱，他并没有恼怒，始终保持一种对别人的尊重。假如我们遇到不喜欢自己的人，我们以怨报怨，以牙还牙，冷落他，侮辱他，仇视他，也许结果会很糟糕。

《资治通鉴》上记载着这样一个故事，狄梁公与娄师德曾经一同担任宰相。狄仁杰非常不喜欢娄师德。有一天，武则天问他说："你知道我之所以重用你的原因吗？"狄仁杰回答说："我因为文章出色和品行端正而受到重用，并不是依靠别人而庸碌成事的。"过了一会，武则天对他说："我曾经不了解你，你之所以得到如此高的官位，全仗娄师德举荐。"于是令侍从拿来奏折，拿了十几份娄师德推荐狄仁杰的奏折给他看。狄仁杰读了之后，害怕得自我责备，武则天没有指责他。狄仁杰走出去后说："我没想到竟一直被娄公容忍！而娄公从来没有自夸的表现。"

《圣经》上有这么一句话："爱你们的仇敌，善待恨你们的人；诅咒你的人，要为他祝福；凌辱你的人，要为他祷告。"心与心是相通的，不管他人对自己的态度如何，能保持足够的尊重，始终用与人为善的品质和微笑的面容去对待他们，那么就一定能得到对方的理解，获得别人的认可。

学会放下，宽容他人就是善待自己

人之谤我也，与其能辩，不如能容。人之侮我也，与其能防，不如能化。

——《格言别录》

别人诽谤我时，与其去和他辩驳，不如宽容他。别人欺负我时，与其去防卫自己，不如化解冲突。

人与人交往，应着眼于未来，不念旧恶。原谅别人，是对待自己的最好方式。为你的仇敌而怒火中烧，烧伤的是你自己。人能怀着一颗宽恕他人之心待人，必能使自己远离痛苦、仇恨和报复，与之俱来的是淡定、温馨和和谐。

宽恕别人可以消除怨恨，化解敌对情绪，赢得友谊和称赞。每天都生活在仇恨之中的人，永远都体会不到什么叫做快乐。如果一个人凡事都斤斤计较，势必会与周围敌对化，而格格不入。所以我们应该尝试着去宽容别人，这样既能化解矛盾，又能增进彼此间深厚的友谊，更能令自己的身心愉悦健康，何乐而不为呢？

经历了一场残酷的战争，两名战士与大部队失去了联系。他们带着剩余的一点鹿肉，在森林中艰难跋涉，互相鼓励、安慰。

一天，两人遇敌，就在巧妙逃开之后，只听一声枪响，走在前面的年轻战士肩膀中了枪。后面的战友惶恐地跑了过来，把自己的衬衣撕下包扎伤口，抱起战友的身体泪流不止。

晚上，未受伤的战士一直叨念着母亲，两眼直勾勾的。他们都以为自己的生命即将结束，身边的鹿肉谁也没动。第二天，部队救出了他们。

事隔 30 年后，那位受伤的战士说：“我知道谁开的那一枪，他就是我的战友。他去年去世了。当时，在他抱住我时，我碰到他发热的枪管，但当晚我就宽恕了他。我知道他想独吞我身上带的鹿肉活下来，但我也知道他活下来是为了他的母亲。此后我装着根本不知道此事，也从不提及。很多年后，他说出了实情，请求我原谅他，我没让他说下去。我们又做了二十几年的朋友，我没有理由不宽恕他。”

宽容就像天上的细雨滋润着大地。它赐福于宽容的人，也赐福于被宽容的人。

对于那些伤害你的人，如果你紧紧抓着你的伤痛不放，你就只是给那些伤害你的人力量，让他们控制你；可是当你原谅他们，你就切断了跟这些人的连结，他们就再也不能打击你。宽恕别人的错误不只是放他人一马，更是对自己的善待。

诺贝尔和平奖获得者、南非黑人领袖纳尔逊·曼德拉在度过了长达 27 年的监禁生活后，第二天即投入到自己钟爱并为之奋斗一生的争取民族独立和解放运动中，并在南非首度不分种族的大选中获胜，成为南非第一位黑人总统。

有 5 万人参加了就职典礼。面对三名前狱方人员的到来，他邀请他们站起身并介绍给大家。在场的人无不为之感动。当其中一位美国特使团成员、当时身为第一夫人的希拉里问他如何在激流险壑、风云变幻的政治斗争中，保持一颗博大、宽容的心？曼德拉意味深长地看了她一眼，以自己获释出狱当天的心情回答了她。

他说:“当我走出囚室、迈向通往自由的监狱大门时，我已经清楚，自己若不能把悲痛与怨恨留在身后，那么我其实仍在狱中。”他没有因为曾经深陷于监狱而成为自己的囚徒，而是宽恕了别人，从而善待了自己。

报复心理，常常使仇恨者和被恨者都陷入痛苦的深渊中。佛陀说:“你永远要宽恕众生，不论他有多坏，甚至他伤害过你，你一定要放下，才能得到真正的快乐。”当我们的心灵为自己选择了宽恕的时候，我们便获得了应有的自由，因为我们已经放下了仇恨的包袱。

婆娑世界，明白万事都有缺陷

凡事若小若大，寡不道以欢成。事若不成，则必有人道之患；事若成，则必有阴阳之患。若成若不成而后无患者，唯有德者能之。

——《庄子·人世间》

无论是大事小事，如果不懂遵循大道规律，就很难把事情处理好，如果办不成，则必然会有人为祸患，如果办成了，也难免会因焦虑过度而生病。恐怕只有真正有德的圣人，才能做到无论事情成与败，他都能泰然处之，安然无患啊！

凡人做事，不论大事小事，很少能做得完美无瑕，就如佛学中所说的，婆娑世界，没有一个圆满的人，没有一件圆满的事！

南宋诗人戴复古的《寄兴》中写道：黄金无足色，白璧有微瑕。求人不求备，妾愿老君家。

其实没有一个生命是完整无缺的，每个人都少了一样东西。有人夫妻恩爱，却身患重疾；有人家财万贯，却是子孙不孝；有人学富五车，却是相貌粗鄙。每个人的生命，都被上苍划了一道缺口，你不想要它，它却如影随形。

古时候，一个人为了捕杀偷吃粮食的老鼠，特地买回一只猫，这只猫擅于捕鼠，也喜欢吃鸡，结果家中的老鼠都被捕光了，但鸡也所剩无几。

因此，他的儿子想把猫给弄走，但是父亲的却说："祸害我们家中的是老鼠不是猫，老鼠偷我们的食物，咬坏我们的衣物，挖穿我们的墙壁，还损害我们的家具，不除掉它们我们必将挨饿受冻，所以必须除掉它们！没有鸡大不了不要吃罢了，但是没有粮食和衣服，我们就要挨饿受冻了。"

任何人都难免有些小毛病，只要无伤大雅，何必过分计较呢？美国著名的发明家洛特纳，虽然酗酒成性，但是菲利斯顿还是诚恳邀约其去自己轮胎公司工作，最后，洛特纳发明的橡胶轮胎被装在了福特公司生产的汽车上，菲利斯顿的燧石轮胎橡胶公司也因此成为全美最大的轮胎制造商。

曾有一位弟子问禅师："世上有完人吗？"禅师笑了笑，从身旁的茶几上端起一只茶杯反问："你仔细看这只杯子，看它与其它杯子有何不同？"弟子端详一番后答道："这只杯子缺了一角。"禅师点了点头道："你说的没错，但是除了那微小的一角之外，整个杯口不还是完好的吗？这正如每个人都有缺点，若不去计较缺点，那么这个人就是很好的人了。"

世界上的每一个人都是被上帝咬过一口的苹果，都是有缺陷的人。有的人缺陷比较大，是因为上帝特别偏爱他的芬芳。

有的时候，缺憾，反而是上天给予的契机。大道五十，天衍四九，人遁其一。正因为大道未满，所以才会有变数和机遇。

国王有七个女儿，这七位美丽的公主是国王的骄傲。她们那一头乌黑亮丽的长发远近皆知。所以国王送给她们每人一百个漂亮的发夹。

有一天早上，大公主醒来，一如往常地用发夹整理她的秀发，却发现少了一个发夹，于是她偷偷地到了二公主的房里，拿走了一个发夹。二公主发现少了一个发夹，便到三公主房里拿走一个发夹；三公主发现少了一个发夹，也偷偷地拿走四公主的一个发夹，诸如此类，于是，到最后七公主的发夹只剩下九十九个，她很伤心。

隔天，邻国英俊的王子忽然来到皇宫，他对国王说：“昨天我的百灵鸟叼回了一个发夹，我想这一定是属于公主们的，而这也真是一种奇妙的缘分，不晓得是哪位公主掉了发夹呢？”公主们听到了这件事，都在心里想说：“是我掉的，是我掉的。”可是头上明明完整的别着一百个发夹，所以心里都懊恼得很，可嘴上却说不出。只有七公主走出来说：“我掉了一个发夹。”

话才说完，一头漂亮的长发因为少了一个发夹，全部披散了下来，王子不由得看呆了。

故事的结局，自然就是王子与公主从此一起过着幸福快乐的日子。为什么一有缺憾就拼命去补足？一百个发夹，就像是完美圆满的人生，少了一个发夹，这个圆满就有了缺憾；但正因缺憾，未来就有了无限的转机，无限的可能性。

有一位哲人说：完美本是毒，缺陷原是福。

事事追求完美是一件很痛苦的事，它就像毒害你自己心灵的毒药。因为这个世界上本来就没有什么是绝对完美的，正因为“缺陷”所以才呈现出万事万物的多样性，事事追求完美的人，自然就会被生活所累，因为追求完美而付出的代价，往往要比所得到的收获要多得多！

明·蓝瑛　澄观图

第二章

立德

德是为人处世之根本

国学之智

以德为先，想要身后留名，必须身前立德

象曰：山下出泉，蒙，君子以果行育德。

——《周易·蒙卦》

蒙卦象是山下有泉，山下的泉水流出来了，是那样的果断，毫不犹豫，毫不停息，真是昼夜不舍、奔流不息啊，最后才能流入大江大河，成为浩瀚大海中永不干涸的一分子。君子应该效法这一精神，果断地行动，勇敢地前进，在学习和实践中形成自己的人格，实现人生对于真善美健的追求，能够在社会的大天地中显示自己的生命创造力，成就一番永生的品德和事业。

所谓‘果行’就是行为要有好的成果，言行一致，知行合一，行为要有结果为果行。读书人经常说：‘救国救民’，‘为天地立心，为生民立命’，只讲理论不行，要问有没有做，有没有成功，没有则不算果行。‘果行’的结果就是育德，教育，养育，对于人，对于万物，要施给，养育出成果，上古时‘德者得也’，‘德’字的意思也是好的成果。

子曰：“君子疾没世而名不称焉。”

孔子说：“一个君子人，最大的毛病，是怕死了以后，历史上无名，默默无闻，与草木同朽。”但是历史留名，谈何容易？古来的帝王将相有多少，

但我们能记得几个皇帝的名字？一个人当了皇帝，就现实来说，那已经很辉煌了吧！死了以后，不必多久，连名字都被别人忘了，人生的价值又何在？《红楼梦》中有一句诗写得好：“古今将相今何在，荒冢一堆草没了。”千古将相到最后也不过是黄土一杯。

人谁不好名？看好在哪里。一个人真想求名，那就要对社会有实在的贡献。要历史留名实在太不容易，可是三代以后，未有不好名者，所以孔子说：“君子疾没世而名不称焉。”但好名看什么名。遗臭万年也是名，但有什么用？

东晋时期，大司马桓温专揽朝政，他南征北战，立下不少战功。他位高权重，野心萌发，一次躺在床上说：“人生在世不能默默无闻。”亲信们不敢吭声，他从床上坐起接着说：“一个人即使不能流芳百世，那么就该遗臭万年。”

当然，为追求遗臭万年而为所欲为，祸害百姓的价值观肯定是不对的，但从这里也可以看出古人对于身后名声的执着。

南宋末代丞相文天祥曾经说：“人生自古谁无死，留取丹心照汗青”。文天祥一生为国操劳，最终为国捐躯，虽寿不过五十，但他的一片丹心却流传千古，永垂不朽。

文天祥是南宋末年的抗元英雄，他少年时期便敏而好学，年仅二十一岁便高中状元，因为当时朝廷奸臣当道，所以一直不得重用。咸淳十年(1274)七月，度宗病死。贾似道抑长立幼，扶四岁的赵显继位，即宋恭帝。九月，二十万蒙古铁骑由丞相伯颜统领，分两路进攻南宋。各地宋军将官在铁骑压境时纷纷叛变。

无奈之下，太皇太后下了一道《哀痛诏》，述说继君年幼，自己年迈，民生疾苦，国家艰危，希望各地文臣武将、豪杰义士，急王室之所急，同仇敌忾，共赴国难。文天祥于是起兵勤王，两年时间内，转战大江南北。祥兴元年（1278）十二月二十日，文天祥在五坡岭不幸战败被俘。

蒙元的元帅汉奸张弘范率水陆两路军队直下广东，要彻底消灭南宋流亡政府。文天祥被他们用战船押解到珠江口外的伶仃洋（今属广东省）。张弘范派人请文天祥写信招降张世杰，文天祥当然坚拒写招降书，但写了一首七言律诗，表明自己的心迹。这便是名流千古的《过零丁洋》。

文天祥被俘后，起先被押到广州，张弘范对他说："南宋灭亡，忠孝之事已尽，即使杀身成仁，又有谁把这事写在国史？文丞相如愿转而效力大元，一定会受到重用。"文天祥回答道："国亡不能救，作为臣子，死有余罪，怎能再怀二心？"

大元为了使他投降，决定把他押送元大都，忽必烈下了谕旨，拟授文天祥高官显位。投降元朝的宋臣王积翁等写信告诉文天祥，文天祥回信说："管仲不死，功名显于天下；天祥不死，遗臭于万年。"

元朝统治者见高官厚禄未能使文天祥屈服，又变换手法，用酷刑折磨他。大元丞相孛罗威胁他说："你要死，偏不让你死，就是要监禁你！"文天祥毫不示弱："我既不怕死，还怕什么监禁！"

文天祥誓死不降，元朝统治者也渐渐失去了耐心，于是决定处决文天祥，消息一出，数万百姓就聚集在街道两旁为他送行。从监狱到刑场，文天祥走得神态自若，举止安详。行刑前，文天祥问明了方向，随即向着南方拜了几拜。随后便英勇就义。

那些生前不立德的人，即使能够风光一世，也不可能留美名于后世。在历史的悠悠岁月里，有很多生前没有闻达于诸侯，死后却为人们所敬重。

这些人活着的时候虽然不能享受到丰富的物质，死后却能得到万民的敬仰。以卑鄙险恶的行径换取一时的富贵荣华，功名利禄的做法是最愚蠢的行为。

宋著名词人辛弃疾曾经说：“了却君王天下事，赢得生前身后名。”身后名要靠生前事才能得到，要立有德之言，行有德之事，才能留有德之名。

每一个人的心里大概都存着流芳百世的愿望，然而大多数的人在岁月的打磨之下，终将湮没在历史的长河中，只有极少一部分的人才能名垂千古，至今为人们津津乐道。这些人都有一个共同的特点，那就是生前立德，我们之所以这么长久地怀念，尊崇他们，就是因为他们的德行感染了一代又一代的人。他们一生的所作所为，都是在积累功德，而这些公德就是他们青史留名的保证。

厚德载物，有德无才难成事，有才无德办坏事

哀公曰：『何谓才全？』仲尼曰：『死生、存亡、穷达、贫富、贤与不肖、毁誉、饥渴、寒暑，是事之变、命之行也。日夜相代乎前，而知不能规乎其始者也。故不足以滑和，不可入于灵府。使之和豫，通而不失于兑。使日夜无隙，而与物为春，是接而生时于心者也。是之谓才全。』『何谓德不形？』曰：『平者，水停之盛也。其可以为法也，内保之而外不荡也。德者，成和之修也。德不形者，物不能离也。』

——《庄子·德充符》

鲁哀公问孔子：“什么叫做才智完备呢？”

孔子说：“死、生、存、亡，穷、达、贫、富，贤能与不肖、诋毁与称誉，饥、渴、寒、暑，这些都是事物的变化，都是自然规律的运行；日夜更替于我们的面前，而人的智慧却不能窥见它们的起始。因此它们都不足以搅乱本性的谐和，也不足以侵扰人们的心灵。要使心灵平和安适，通畅而不失怡悦，要使心境日夜不间断地跟随万物融会在春天般的生气里，这样便会接触外物而萌生顺应四时的感情，这就叫做才智完备。”

鲁哀公又问：“什么叫做德不外露呢？”

孔子说：“均平是水留止时的最佳状态。它可以作为取而效法的准绳，内心里充满蕴含而外表毫无所动。所谓德，就是事得以成功、物得以顺和的最高修养。德不外露，外物自然就不能离开他了。”

一个能够成道的人，能从世上升华的人，或者要在世上做一番大事业的人，必须有两个东西，一个是“全才”，一个是“全德”。全才就很难了，

加上全德更难。有才无德入世很危险，不但危险了自己而且危险了世间。有德无才，可以出世修道，不能入世。所以一个人要德才两全很难。

蔡京是历史上有名的奸臣。只因他奸诈，因此“苏黄米蔡”四大书法家中的蔡被人改成了蔡邕。

蔡京的书法自成一格，连狂傲的米芾都曾表示，不如蔡京。据说有一年夏天，有两个人给他扇扇子，蔡京就在那把扇子上题了杜甫的两句诗。没过几天，那两个人都变得阔绰了。原来那把题字的扇子被一位亲王花两万钱买走了。这个亲王就是后来的宋徽宗。宋徽宗自己就酷爱书法。对同是大书法家的蔡京自然是另眼相看。

蔡京贪得无厌，祸国殃民，朝中多次发起反蔡风潮，徽宗虽迫于情势，不得不将其降黜或外放，以抚民意，但总是很快就官复原职。近二十年的时间里，蔡京四起四落，直到他八十岁的时候，依然受到宋徽宗的重用。

金国灭北宋时，八十岁的蔡京亦被充军。在其充军发配的一路之上，百姓不卖给他一汤一饭，以致活活饿死。死后也没有棺木，被埋进了专门收葬无家可归者的漏泽园中。

蔡京是宋神宗熙宁三年的状元，可谓是才高八斗，但正是因为他有才欠德，为了自己的权势私欲，不顾百姓死活，在任时设应奉局和造作局，他大兴花石岗之役；建延福宫、艮岳，耗费巨万；设西城括田所，大肆搜刮民田；为弥补财政亏空，他尽改盐法和茶法，铸当十大钱，以致币制混乱，民怨沸腾。

蔡京先后四次任相，长达十七年之久。十七年的时间里，他将一个原本还算富足的大宋，被硬生生地掏空了底子，以至于最后被金国所灭。

宋代可谓是中国历史上人才辈出的一个朝代，惊才艳艳之辈不知凡几，当中既有像欧阳修，范仲淹，司马光，王安石，辛弃疾，苏轼这样德才兼备之人，也不乏蔡京，秦桧，贾似道这类有才无德的奸佞。就如秦桧来说，他的字比起蔡京来可是有过之而无不及，我们今天所说的宋体，据说就是他首创，只不过因为他是个奸臣，所以我们没有称之为“秦体”。

司马光在《资治通鉴》里分析智伯无德而亡时写道:“才德全尽谓之圣人，才德兼亡谓之愚人，德胜才谓之君子，才胜德谓之小人。”他提出的选材标准是:“苟不能得圣人君子，与其得小人，不若得愚人。”既然不能得到德才兼备的圣人，那就宁可用有德无才的愚人，也不用有才无德的小人。

自古以来圣人就是凤毛麟角。在德才不能兼备的情况下，愚人是比较保险的选择，因为愚，他没能力做好事，同样也没能力做坏事。而小人就不同了，小人无德，但他有才，无德不能做好事，其才却足以做坏事。

以德服人，让人惧不如让人敬

哀公问曰：何为则民服？孔子对曰：举直错诸枉，则民服。举枉错诸直，则民不服。

——《论语·为政》

鲁哀公问："怎样才能使百姓服从呢？"

孔子回答说："把正直无私的人提拔起来，把邪恶不正的人置于一旁，老百姓就会服从了；把邪恶不正的人提拔起来，把正直无私的人置于一旁，老百姓就不会服从统治了。"

国学大师南怀瑾先生说："所谓服与不服，在德不在力，权力使人服是霸术、霸道；道德使人自然顺服，才是王道。但人生经验告诉我们，一个人到了那个权位的情况，就很难讲了。譬如我们平时常会说，假如我做了某一位置的事，一定公正，但是真的到了那一天，就做不到绝对公正。人总会受人情的包围，例如，人家送高帽子，明知是高帽子，仍然觉得蛮舒服的，这就是要命的心理了。看戏容易做戏难，所以我们批评历史容易，身为当局者时，就真不容易了。所以一个人能够做到公正廉明，真是一种最高的修养。"

历史上对于曹操的评说褒贬不一，有说是"能臣"者，也有说是"奸雄"者，但不论史书上如何誊写，曹操在兵将和百姓中还是很有威望的。

这正是因为他行王道，而不行霸道的缘故。

一次麦熟时节，曹操率领大军去宛城，沿途的老百姓因为害怕士兵，都躲到村外，没有一个敢回家收割小麦的。曹操得知后，立即派人告知周边的官吏：现在正是麦熟的时候，士兵如有践踏卖田的，立即斩首示众。

命令传出后，官兵们在经过麦田时，都小心翼翼，甚至下马用手扶着麦杆，没一个敢践踏麦子的。老百姓看见了没有不称颂的。

可这时，飞起一只鸟惊吓了曹操的马，马一下子踏入麦田，踏坏了一大片麦子。曹操要求治自己践踏麦田的罪行，官员说："我怎么能给丞相治罪呢？"

曹操说："我亲口说的话都不遵守，还会有谁心甘情愿地遵守呢？一个不守信用的人，怎么能统领成千上万的士兵呢？"随即拔剑要自刎，众人连忙拦住。

大臣郭嘉走上前说："《春秋》上说，法不加于尊。丞相统领大军，重任在身，怎么能自杀呢？"

曹操沉思了好久说："那么，我就割掉头发代替我的头吧。"说完挥剑割掉了自己的头发。

后来曹操传令三军：丞相践踏麦田，本该斩首示众。因为肩负重任，所以割掉自己的头发替罪。

践踏麦田虽然只是小事一桩，曹操完全可以不用理会，相信以他的权势也没有人会出来指责，但是曹操却没有这样做，而是秉持着公正的原则处罚了自己。虽然只是一缕头发，但意义却很大。

史上对于刘备和孙权都大加褒赞，但曹魏却始终力压吴蜀，实力稳坐三国中的首席，这不是没有道理的。

《孟子·公孙丑上》中有云:“以力服人者，非心服也，力不赡也。以德服人者，中心悦而诚服也。”

战国时期，孟子到各地去游说他的仁道，有人说靠武力照样可以称霸，根本用不上讲仁道。孟子说:“称霸必须要以国富民强为基础，武力压服并不能使人心悦诚服，而以仁道称霸，则可以让人心悦诚服，使国力强大。”

宋代范文正公的《奏上时务书》曾言到:“臣闻以德服人，天下欣戴，以力服人，天下怨望。”

以力服人只会让人感到恐惧和屈辱，恐惧之后，随之而来的便是怨恨，只有以德服人，让人心生敬意，才能使人真正的臣服。

秦始皇统一六国后，为了巩固自己的统治，采取了一系列泯灭人性的做法。首先为了防止天下人造反，他收缴民间所有的兵器，熔铸成12个大铜人。其次，他还采取了愚民政策，他不希望百姓读书，因此进行了焚书坑儒。从他登基的那天开始，他还动用了70万人力为自己修建陵墓，又征调百姓修建长城。同时他还实行严刑峻法，当时有一种刑罚是割掉鼻子，据说秦朝割掉的鼻子都没有地方放。

他这一系列的暴行，终于激发了社会矛盾，从陈胜、吴广起，大量的起义运动不断兴起，尤其是六朝遗民纷纷起来反抗。秦始皇通过铁血打下的江山，只十几年的时间就被推翻了。

很多时候，让人惧不如让人敬。用残酷的手段镇压，使得人人惧怕，身边就不会有亲人，终成为孤家寡人，这种惧累积到一定程度会在人们的心里形成一种怨恨，一旦这种怨恨无法压制，就会起来反抗；修身立德，使人信服，时间久了，这种信服就会形成一种信仰。“服众”是我们要努力的方向。

南宫适问于孔子曰：“羿善射，奡荡舟，俱不得其死然。禹稷躬稼而有天下。”夫子不答。南宫适出。子曰：“君子哉若人！尚德哉若人！”

后羿勇武善射，为有穷国君，想称王而被他的臣子寒浞杀掉了。奡是寒浞的儿子，力气很大，可以把在江海里航行的船，一手抓起来在陆上拖着走。后来也为少康所诛。

这两个人，一个射箭技术那么好，一个力气那么大，后来都不得好死。而大禹和后稷两人，经常和平民百姓们一块下地耕种，最后却得到了天下。这不正好说明了让人惧不如让人敬的道理吗？

德行天下，有德朋友遍天下

子曰：『德不孤，必有邻。』

——《论语·里仁》

孔子说：“一个有道德的人是不会孤单的，一定有志同道合的人来和他相伴。”孔子告诉我们，如果真为道德而活，绝对不会孤苦伶仃，一定有与你同行的人，有你的朋友。

当今社会，有些浮躁，个别人以功利的眼光，批判道德为无用之修养。基于道义、原则而放弃一些物质利益的人，往往会被人讥笑，说他们迂腐，甚至虚伪。但是真正的道德君子，在做任何有意义、有价值的事情，即使相当长一段时间内都不得不完全依靠自己的努力。但只要不懈地追求，最后终会遇到支持他、认可他价值的朋友。

也许有人会说，有些人道德品质不好，个人修养难以恭维，可身边不是同样有许多朋友吗？

然而，这样的“朋友”显然并不是真正的朋友。别人与他交往不是冲着其本身去的，而是奔着覆盖在他们身上的权势光环去的，所以充其量只是“势利之交”。一旦其丧失了权力地位、没有了利用价值，那些所谓的“挚友”也就会弃他而去。这也正如我们在前几章里所述的那样：“以利交友，利穷则散；以势交友，势倾则绝！”权势利益是交不到真正的朋友的。

万章问孟子:“如何交友?”孟子说:“不挟长，不挟贵，不挟兄弟而友。友也者，友其德也，不可以有挟也。”意思是：交友不依仗年长，不依仗富贵, 不依仗亲戚, 而结交朋友。交友是以德交, 不是为了依仗权势而交友。

古人云：一言既出，驷马难追；这也是诚信的一种体现。诚实守信实际上体现了一个人的良好品德与素质，也是作为人的一种基本体现。

曾子的夫人到集市上去赶集，她的孩子哭着也要跟着去。曾子的夫人就对他说:“你先回家呆着，待会儿我回来杀猪给你吃。”

曾子的夫人到集市上回来后，就看见曾子正要杀猪。她顿时大急，连忙劝阻说:“我只不过是跟孩子开玩笑罢了，又不是真的要杀猪。”

曾子听了，板着脸说:“夫人，小孩子岂是可以随便开玩笑的！他们的智慧没有长成，没有完整的思考和判断能力，处处都向着父母学习，听从父母亲给予的正确的教导。现在你在欺骗他，这就是教育孩子骗人啊！母亲欺骗孩子，孩子就不会再信服自己的母亲了，这不是教育孩子的正确方法啊。”

说完，曾子把猪给杀了。

一个人道德品质和修养的高下，是决定与他人相处得好与坏的重要因素。道德品质高尚，个人修养好，就容易赢得他人的信任与友谊；如果不注重个人道德品质修养，就难以处理好与他人的关系，交不到真心朋友。

南宋朱熹在《论语集注》中解释此句说:“德不孤立，必以类应。故有德者，必有其类从之，如居之有邻也。”

道德是发展先进文化，构成人类文明，特别是低级文明向高度文明发展过程的重要因素和内容体现。它也是调节人与人之间、人与社会之间的行为规范。

一个有道德的人，在自己行德的同时，也会不由自主的影响到身边的人，从而使得别人也变得高尚，这也不失为一种“德不孤，必有邻”的法门。

德不孤，必有邻。并不是教你去找一个仁爱路去住。古人的解释，即是选一个住处要找一个仁里，世界上哪来这许多仁里？到哪里去找？孔子自己的家乡，当年也不一定是仁里。哪里是仁里？假如我们的故乡是不仁统治的世界，我们就不管他了吗？我们正要把他恢复回来，把罪恶打垮，这才是人性的仁道！其实那个“里”字，就是“自处其中”的意思，脚跟站得稳的地方就叫“里”。“里仁”是我们做人的立足点处于仁道。自己有道德的涵养，能体用兼备，自然会影响近身的人。

有德的人，无私无我的与人为善，凡事总能够先为别人着想，为事情的整体大局想，圆融好周遭的一切。善良有德的人，心宽路自宽，有失亦必有得，终其一生是永远不寂寞的，正如“德不孤，必有邻”，不求而自得。

言出必行，诚信是永恒的美德

子曰：『人而无信，不知其可也。大车无輗，小车无軏，其何以行之哉？』

——《论语·为政》

孔子说：“一个人如果不讲信用，真不知道他还可以有什么作为，就像牛车没輗，马车没有軏一样，它靠什么行走呢？”

輗和軏是古代车子上的车杆子。大车是牛车，輗就是牛车上一根用来套在牛肩上，中间的大梁子；小车是马车，軏就是马车上挂钩的地方，这都是车子上的关键所在。

做人也好，处世也好，为政也好，言而有信，是关键所在，而且是很重要的关键，无‘信’是绝对不可以。

诚信历来是中华民族的传统美德。“言而有信、一诺千金”是我们祖祖辈辈传承下来的“箴言”。它既是一种无形的力量，又是一种无形的财富，还是连接友谊的无形纽带。因此，无论是古代还是现代，人们都要讲究诚信，只有这样，才能得到他人的尊重，才能取得事业的成功，才能有利于社会的和谐发展。

周武王灭了殷商之后，有一天他问一老者：“殷何以亡？”老者说：“待午时来报。”结果午时到了，老头子却没有来。武王很生气，于是要派人抓他。这时，周公出来说，其实老人家已经做出回答了，殷商之所以亡便是因为不守信。

孔子在谈到统治者怎样才能得到老百姓信任时说："民无信不立"，如果一个国家对老百姓不讲诚信，就必然得不到老百姓的支持；只有对老百姓讲诚信，才能够树立起自己的"威信"。

对一个企业而言，诚信是宝贵的无形资源，也是获得最大价值的保证。只有诚信，别人才会愿意与你合作，才会有机会发展。

对个人而言，诚信是高尚的人格。如果一个人不讲诚信，不讲人格，连人都做不成功，就更不要谈家庭、集体了。

俗话说：说出去的话就是泼出去的水。话一旦出口，就一定要兑现，否则，就会失去别人的信任。这正如古希腊寓言家伊索所说：说谎话的人所得到的，就只有即使说真话也没有人相信。

烽火台三戏诸侯的周幽王便是如此：

周幽王是西周的最后一个帝王，他有个宠妃叫褒姒，长得闭月羞花，沉鱼落雁，令人沉迷，却惟独不爱笑，整日板着脸。自从嫁给周幽王以来，褒姒就从没给过幽王一个笑脸。

周幽王为博取褒姒的一笑，用尽了方法，可惜却没有半点用处。周幽王甚是烦恼，连朝也不想上了，最后大臣虢石父献计说："从前为了防备西戎侵犯，在翻山一带建造了二十多座烽火台。这时候天下太平，烽火台早没用了。不如把烽火点着，叫诸侯们上个大当。娘娘见了这些兵马一会儿跑过来，一会儿跑过去，就会笑的。"

幽王听了大喜，下令在都城附近二十多座烽火台上都点起烽火。结果诸侯们见到烽火，纷纷率领兵将们赶来，没想到一个敌人也没看见，也不像打仗的样子，只听见奏乐和唱歌的声音。大家我看你，你看我，都不知道是怎么回事。

周幽王叫人去对他们说："各位都辛苦了，没有敌人，你们回去吧！"

诸侯们这才知道上了大王的当，十分愤怒，各自带兵回去了。褒姒瞧见这么多兵马忙来忙去，于是笑了。

周幽王食髓知味，于是每隔一段时间，便点上烽火来博褒姒一笑。诸侯们被闹得不厌其烦。

后来，西戎真的打到京城来了。周幽王赶紧把烽火点了起来。这些诸侯上了几回当，这回又当是在开玩笑，全都不理他。最后周幽王和虢石父都被西戎杀了，褒姒被掳走，然后上吊自尽而亡。

先秦以后的思想家们，都把"诚"和"信"作为立身处世的基本道德要求。孔子强调要"言而有信"，认为"信则人任焉"，只有诚信，才能得到他人信任。

孟子说："父子有亲、君臣有义、夫妇有别、长幼有序、朋友有信。"

老子则说："夫轻诺必寡信，多易必多难。"还说："信者吾信之。不信者吾亦信之；德信。"

宋明道学家们，对诚信赋予了更重要的地位。周敦颐把诚信提到"五常之本，百行之源"的高度；朱熹说："诚者，至实而无妄之谓。"陆象山则强调"忠信"，认为"忠者何？不欺之谓也；信者何？不妄之谓也。"

一个人想要获得他人的信任，首先必须做一个诚信的人。诚信做人是中华民族的传统美德，传承了几千年，诚信已经内化成了人们心中最重要的一种品质。诚信具有光环效应，一个诚信的人给人的感觉就是这个人可以依赖，依靠诚信，我们可以结交更多的朋友，甚至可以摆脱资本的限制成就事业。

第三章

惜福

寡欲是幸，知足是福

国学之智

明·仇英　莲溪鱼隐图

超然物外，不为名利所动

德荡乎名，知出乎争。名也者，相轧也；知也者，争之器也。二者凶器，非所以尽行也。

——《庄子·人间世》

人的道德、品德失真、毁败多数是因为追求名声，而智慧的显露和表达则往往是因为争辩是非，争强好胜。“名声”是人与人互相倾轧的原因；而“智慧”则是人与人互相争斗的工具。

现实生活中有些人，争名夺利，道德沦丧，丑陋不堪。为名，不顾道德底线，不顾礼义廉耻，为利，铤而走险，绞尽脑汁。而为了凸显出自己有智慧，比别人更有学识，于是便各执己见，争强好胜久而久之争议便越来越多，真正的学问反而没有了。

历史上真正好学问的人，从来都不是为了功名利禄而读书的，他们读书，只是为了求得自己的道，最终有所成就，流芳千古。

孔子说过：芝兰生于深林，不以无人而不芳，君子修道立德，不为窘困而改节。芝兰开在深谷，并不会因为无人欣赏而不吐露芬芳，真正的君子修己身、立德行，并不会因为穷困潦倒便违背自己的道。

正如陶渊明那般，因为不愿为五斗米而折腰，毅然辞官挂印，回去过他“采菊东篱下，悠然见南山”的生活了。在他的眼中，功名利禄不过是过眼云烟，稍纵即逝，终究是不得长久的。

相传庄子与惠子是多年好友，有一年，惠子做了梁国的宰相，庄子想去见见这位好朋友。

有人却急忙报告惠子说：“庄子这次来，是想取代您的相位啊！”

“有这回事吗？”惠子有点怀疑，心里很恐慌，于是派人在国中搜寻了三天三夜，欲阻止庄子前来，然而，却不见庄子的行踪。

有一天，庄子突然从容地来到惠子的官邸拜见惠子。惠子很有礼貌地接见了这位老朋友。相互寒暄之后，惠子开门见山地询问庄子这次来访的目的。

庄子也许知道那些谣传，于是委婉地说：“老朋友啊，您听说过有这么一个故事吗？”庄子迷惑不解：“什么故事？”

庄子从容道：“南方有只鸟，名叫凤凰。这凤凰展翅而起，从南海飞向北海，非梧桐不栖，非竹子的果子不食，非甘甜的泉水不饮。有一次，一只猫头鹰正在津津有味地吃着一只腐烂的老鼠，恰巧凤凰从头顶飞过。猫头鹰急忙护住腐鼠，仰头看着凤凰，愤怒地大喝一声：‘吓！你也想来吃鼠肉吗？’老朋友，现在您也想用您的梁国来吓我吗？”

庄子说完，哈哈大笑，扬长而去。

世人眼中，宰相之位虽然是位高权重，名利俱隆。但在心怀天地的庄子眼里，却也只不过是一只腐烂的死老鼠罢了。

有人说名利就是一张网，有的人用它来捕鱼，而有的人却成了网中的鱼，永远都无法挣脱出来。古往今来多少人掉入了“名利”这张罗网中，奋力的挣扎，却是越挣越紧，最后死在了网中。他们贪婪地想要得到更多的东西，结果却把自己拥有的也失去了。

唐朝有个诗人叫宋之问，他有一个外甥名叫刘希夷，与宋之问年龄相仿,中过进士但无心仕途,也是一位诗人。有一次,刘希夷写了一首题为《代悲白头翁》的诗，宋之问见诗后，赞不绝口，尤其喜爱诗中“年年岁岁花相似，岁岁年年人不同”这两句。在得知此诗尚未公之于众之后，他心中暗暗窃喜，他知道此诗一出世，必然会迅速的流传开来，那时便是名利双收了。于是便请求外甥将这首诗让给自己，刘希夷起初答应了，可不久又反悔，因为他实在难以割爱。不料宋之问恼羞成怒，为了将此诗据为已有，竟然命令家奴用土袋将外甥活活压死。

宋之问为了一首诗的名利，杀死了自己的外甥，换来的结果却是遗臭万年。由此可见，对于名利的过分追捧，终将会让我们失去自我。

诸葛亮说：非淡泊无以明志，非宁静无以致远。不追求名利，生活简单朴素，才能显示出自己的志趣；不追求热闹，心境安宁清静，才能达到远大目标。

有位年轻人河边钓鱼，他的邻旁坐着一位老人，也在钓鱼，两个人坐得很近，奇怪的是老人总有鱼儿上钩，而年轻人一整天都没有收获。

年轻人非常郁闷，于是就问老人：我们都在同样的地方，用同样的鱼饵，为什么你能轻易的钓到鱼，我却一无所获?

老人一笑答道：你是在钓鱼，我是在垂钓。你钓鱼的时候，只是一心想得到鱼，总想着鱼儿有没有上钩，鱼不上钩你就心浮气躁，鱼儿都被你的焦躁的情绪吓跑了。我呢，我是在垂钓，我垂钓的时候，心中只有我，没有鱼，鱼来我不喜，鱼去我也不忧，心如止水不焦躁，鱼儿感知不到我，自然就不会逃跑了。

佛语说：欲除烦恼须无我，各有前因莫羡人。这是一种出世的思想，大凡真正想成就一番治世功业的人，必须修炼看淡世间的功名利禄，到了这个境界，就达到了对人生的淡泊。

心如止水，毁誉面前不动摇

举世誉之而不加劝，举世毁之而不加沮，定乎内外之分，辩乎荣辱之境，斯已矣。

——《庄子》

庄子夸赞宋荣子说：“所有人都称赞他，他却并不因此而更加奋勉，所有人都责难他，他也并不因此而更为沮丧。他能认清自我与外物的分际，辨明荣辱的界限，不过如此而已啊。”

真正的大圣人，毁誉不能动摇。全世界的人恭维他，不会动心；称誉对他并没有增加劝勉鼓励的作用；本来就是好人，再恭维他也还是作好人。全世界要毁谤他，也绝不因毁而沮丧，还是要照样做。这就是毁誉不惊，甚而到全世界的毁誉都不管的程度，这是圣人境界、大丈夫气概。

岳麓书院讲堂上的一对名联，是乾隆年间的书院山长旷敏本撰写的：是非审之于己，毁誉听之于人，得失安之于数，陟岳麓峰头，朗月清风，太极悠然可会；

君亲恩何所酬，民物命何以立，圣贤道何以传，登赫曦台上，衡云湘水，斯文定有悠归。

其开头的一句“是非审之于己，毁誉听之于人，得失安之于数”算是道尽了处世的真谛。是非、毁誉、得失，三者之中只有是非是自己能掌握的。只要心中有是非，则毁誉荣辱就由人说去吧。

云海禅师是一位善于绘画的高手，可是他每次作画前，必坚持购画之人先行付款，否则决不动笔，因为这样，旁人常有微词。

有一天，一位财主请云海禅师帮他作一幅画，禅师问："你能付多少酬劳？"

"你要多少就付多少！"财主回答道："但我要你到我家去当众挥毫。"

云海禅师允诺跟着前去，原来那财主家中正在宴客，云海禅师以上好的狼毫为他作画，画成之后，拿了酬劳正想离开。那财主就对宴桌上的客人说道："这位画师只知要钱，他的画虽画得很好，但心地肮脏；金钱污染了它的善美。出于这种污秽心灵的作品是不宜挂在客厅的，它只能装饰我的衣衫。"

说着便将自己穿的衣衫脱下，要云海禅师在它后面作画。禅师问道："你出多少钱？"

财主答道："随便你要多少。"

云海开了一个特别昂贵的价格，然后依照那位财主要求，在他的衣衫上画了一幅画，画毕立即离开。

很多人怀疑，为什么只要有钱就好？受到任何侮辱都无所谓的云海禅师，心里是何想法？

原来，在云海禅师居住的地方常发生灾荒，富人都不肯出钱救助穷人，因此他建了一座仓库，贮存稻谷以供赈济之需。又因他的师父生前发愿建寺一座，但不幸其志未成而身亡，云海禅师要完成其志愿。

当云海禅师完成其愿望后，立即抛弃画笔，退隐山林，从此不复再画。他只说了这样的话："画虎画皮难画骨，画人画面难画心。"

钱，是丑陋的；心，是清净的。有禅心的人，不计人间毁誉，像云

海禅师，以自己的艺术素养，求取钱财救人救世，他画的已经不是一幅画，而是一种禅。因为他不是贪财，他是舍财，可是世间人有多少人能懂得这种禅心呢?

人之所以放不下毁誉之念，便是因为将它看得太重了，俗话说：宠辱不惊！只有看淡宠辱，才能真正做到不惊。毁誉亦是一样的。

在这个世界上，只要有人说是，就有人说不是；只要有人说好，就有人说不好；只要有赞誉，就会有诋毁、诽谤。人只想要赞誉，则不可能；你可以奋力追求赞誉，但也不可能免受诋毁。如果我们被外间的毁誉所束缚，那将永远都无法专心做好自己的事情。

当然，毁誉不动摇，并不等于是固执己见、不听人言。人力终究是有限的，每个人都难免会有疏忽，所以有时也要虚心地接受别人的意见。这当中就是要把握一个度的问题了。

北宋大文学家、大政治家王安石便是一个列子，他说过:“天变不足畏，人言不足惧，祖宗不足法，圣贤不足师！”这无疑是个意志非常坚定的人，他想要做一件事，恐怕没有什么东西可以在心理上影响到他，天地圣贤都不能，更何况是区区的毁誉人言呢?

功成身退，方得自如人生

物不可以久居其所，故受之以遁。遁者退也。

——《周易》

《周易》中这句话的意思是，世界上所有的东西都不能久居其位而不变化。水满则溢，月盈则亏。所以，在很多时候我们都需要懂得适时地“退出”。

《道德经》中也有一句话：“功成，名遂，身退，天之道也！”一个人成就了功业，建立了名望，就应该收敛身退，这才是天地之道。人生在世，谁都希望能够做出一番惊天动地的大事业来。孟子说：穷则独善其身，达则兼济天下！

在这种理念的倡导下，无数的儒家学子投入了“兼济天下”的洪流当中。这原本是好的，不过，在济世的过程中，大多数人都渐渐被名利所牵绊，即使是功成名就之后，依然对这些恋恋不舍，不能抽身而退。

范蠡与文种都是越国名臣，在越国打败吴国后，范蠡深知大名之下难久居，所以明智地选择了功成身退，“自与其私徒属乘舟浮海以行，终不反”。他还遣人致书文种，谓：“飞鸟尽，良弓藏；狡兔死，走狗烹。越王为人长颈鸟喙，可与共患难，不可与共乐，子何不去？”文种未能听从，不久果被勾践赐剑自杀。

与之类似的还有韩信与张良，两人位属“汉初三杰”之列，为高祖建汉立下赫赫功勋，张良深知功高震主的道理，所以天下安定后，他便托辞多病，闭门不出，渐渐消除自己的影响，甚至拒绝了刘邦封王的奖赏，只请封了个万户侯，最后得以善终。而被称为“功高无二，略不世出”的韩信却因为自持功高，不知收敛，最后被诛三族。

从古至今，这种“飞鸟尽，良弓藏；狡兔死，走狗烹！”的悲剧就从来没有停止过，其实，功成身退不失为明哲保身的好办法，主动退下来，反而能够颐养天年，得以善终。

商鞅仕秦孝公时，以历史上有名的"商鞅变法"的功绩，奠定了自己的地位，然而，就因为他过于注重权柄，不知功成身退的道理，为最后身死埋下了祸根。

当初，商鞅变法时注重“乱世用重典”，采取了极其严厉的政治改革措施，这虽为帮助秦国从一个相对弱小的国家迅速地强大了起来，但也因此触动了许多权贵的利益，在朝野上下树起了数不清的政敌。但是因为有孝公支持，所以他的敌人们对他也无可奈何。

然而，有句古话叫做“功高盖主”，权势越来越大的他也渐渐使得秦孝公感到威胁。孝公生前还曾故意传位于他，以试其心，虽然他没有领受，但也可见当时他已见疑于君上了。这时他本应主动功成身退，隐遁避险。另有赵良引用“以德者荣，求力者威”之典故力劝商鞅隐退，可商鞅并不以为然、固执己见。

最终，孝公将他的权力渐渐驾空。秦孝公一去世，反对派们在惠王即位后，纷纷策谋陷害他。最终，商鞅被秦惠王以谋反罪名被处以五马分尸的极刑。

功成身退是自然之道，符合天地自然的规律，只知道一味的前进，不知道收敛退守，那结果只能是盛极而衰。正如《易经》所云:“亢龙有悔，盈不可久也。”满盈的东西是不可能长久的。

秦国的另一位宰相李斯也是如此，李斯为秦相，功劳卓著，但秦二世二年七月，却因遭奸人诬陷，腰斩咸阳市，临行的时候，他对自己的儿子说:“吾欲与若复牵黄犬俱出上蔡东门逐狡兔，岂可得乎！”

在此时李斯的眼中，什么功名利禄都比不上“陪着儿子牵着黄狗到上蔡东门外去打猎”，可惜他明白得太晚了。

一般人在最初的时候都是怀着一颗赤子之心做事的，然而随着时间的推移，自己做的事情越来越多，开始觉得自己的付出不能白费，应该得到相应的报酬，立的功劳越大，这种想法就越强烈，于是在功成名就之后，贪恋红尘，不肯轻易离去。而这种求权求利的心态正是皇帝所忌讳的，杀身之祸也就因此而引上身。只有那些能够看得开的人，能够把理想作为人生目标的人，才能躲过这样的灾难，他们的退隐等于是给皇帝吃了一颗定心丸，一般情况下，可以保住自己的性命。

李白曾有诗云:

有耳莫洗颍川水，有口莫食首阳蕨。

含光混世贵无名，何用孤高比云月？

吾观自古贤达人，功成不退皆殒身。

子胥既弃吴江上，屈原终投湘水滨。

陆机雄才岂自保？李斯税驾苦不早。

华亭鹤唳讵可闻？上蔡苍鹰何足道？

君不见，吴中张翰称达生，秋风忽忆江东行。

且乐生前一杯酒，何须身后千载名？

在古代功成身退是明哲保身的办法。到了现代当然是没有必要这样做。但是借鉴功成身退的做法，对于我们的人生也是有帮助的。在单位里，尽量做到不争功，方能显示出自己的博大胸怀，才能赢得更多人的赞赏，这算是一种以退为进的策略；同时，在我们的事业有成的时候，也要学会见好就收，不能贪心不足，该收手的时候就要收手，否则在这个瞬息万变的社会里，很可能会让我们多年的努力一夜之间化为灰烬。总之，功成身退才能明哲保身，得以善终。

看透名利，世界上到处是名利的陷阱

子曰：『富与贵是人之所欲也，不以其道得之，不处也；贫与贱是人之所恶也，不以其道得之，不去也。』

——《论语·里仁》

孔子说：“富裕和显贵是人人都想要得到的，但不用正当的方法得到它，就不应去占有它；贫穷与低贱是人人都厌恶的，但不用正当的方法去摆脱它，就不应放弃它。”

国家社会上了轨道，如果用不着我们了，我们不必占住那个职位，可以让别人去做了。如果仍旧恋栈，占住那个位置，光拿俸禄，无所建树，就是可耻。其次，国家社会还没走上轨道，而占在位置上，对于社会国家没有贡献，也是可耻的。

结论下来就是说，一个人，为了什么读书？不是为了自己吃饭，而是为了对社会对国家能有所贡献，假如没有贡献，无论安定的社会或动乱的社会，都是可耻的。

古往今来多少惊才艳艳之辈，因身陷名利囹圄不能自拔，而用所学之识相互攻伐，最后变成党争。如晚唐的李牛党争，明代的东林党争。涉入其中的多有饱学鸿儒，治世俊才。但他们非但不能用其所学报效国家黎民，反使国家日渐衰落，实在是可悲可叹。

名利闪耀着熠熠的光芒，梦幻般迷人。人们往往会穷尽一生的力量去追逐，但却不知道，在这华丽的背后，是一个陷阱。若是痴缠于名利，就会落入这美丽的陷阱而懵然不知。名利在给予人们想要的虚荣之后，会紧紧地束缚住人的心，使其始终沉重而不得解脱。

一个秀才从家里到一座禅院去，在路上看到一件有趣的事，想以此考考禅院里的老禅师。来到禅院，他与禅者一边对坐品茗，一边高谈阔论。突然，他问了一句："什么是团团转？"

"皆因绳未断。"禅师随口答道。

秀才听了目瞪口呆："你是怎么知道的呢？在来的路上，我看到一头牛被拴在树上，这头牛想离开这棵树，可它转过来转过去都不得脱身。我以为大师既然没看见，肯定答不出来，哪知大师出口就答对了。"

禅师笑着说："你问的是事，我答的是理，你问的是牛被绳缚而不得脱，我答的是心被俗物纠缠而不得超脱，一理通百事啊。"秀才恍然大悟！

世间之人总是难以摆脱名利的诱惑，一个又一个的人加入到追逐名利的过程中，跌入名利的陷阱而不自知。名利是外物，然而，人们的生活却总是被外物所累，得不到解脱。

《皇母慈音》有云：造化之大忌在于名，人情之必争在利，名利之伤甚于刀剑，刀剑明见而易躲，名利无形之害则难以防之，所以应知其利害之关系，时加警醒自己。

哲人说：世上有两样东西最帮人，也最害人，一是金钱，二是名声！世人只知道功名利禄会给人带来幸福，因此不遗余力地追逐。殊不知功名利禄也会给人带来痛苦。为了功名利禄，我们劳心劳力，四处劳碌奔波。

甚至与要弄阴谋诡计，违背本心对别人溜须拍马，搞得自己精疲力竭。这样的话，即便最后我们名利双收，恐怕也没有什么意思。

名利皆是虚浮之物，得到固然值得高兴，得不到也不必强求。不要忘了，虽然它能带给人们满足感，但它是人世间各种矛盾、冲突的重要起因，也是人生之中诸多烦恼、愁苦的根源所在。庄子说："不为轩冕肆志，不为穷约趋俗，其乐彼与此同，故无忧而已矣。"只有将名利放下，才能无欲则刚，才能远离名利的陷阱。

知足是福，只需要一点儿知足

名与身孰亲，身与货孰多，得与亡孰病，是故甚爱必大费，多藏必厚亡，知足不辱，知止不殆，可以长久。

——《道德经》

名望与生命相比哪一样比较重要？财物与生命相比哪一样较重要？得到名利与失去生命相比哪一样的结果比较坏呢？愈是让人喜爱的东西，想获得它就必须付出很多；珍贵的东西收藏得越多，在失去的时候也会感到愈难过。所以，知足的人不容易受到屈辱，凡事适可而止的人比较不会招致危险，生活得更长久。

欲望是永远没有止境的，不会满足，所以永远在烦恼痛苦中。真正的福气没有标准，福气只有一个自我的标准，自我的满足。

明代诗人朱载堉就作过一首名为《十不足》的诗，用以讥讽世人贪婪无厌，诗云：

终日奔忙只为饥，才得有食思为衣。置下绫罗身上穿，抬头又嫌房屋低。盖下高楼并大厦，床前缺少美貌妻。娇妻美妾都娶下，又虑出门没马骑。将钱买下高头马，马前马后少跟随。家人招下十数个，有钱没势被人欺。一铨铨到知县位，又说官小势位卑。一攀攀到阁老位，每日思想要登基。一日南面坐天下，又想神仙下象棋。洞宾与他把棋下，又问哪是上天梯？上天梯子未做下，阎王发牌鬼来催。若非此人大限到，上到天下还嫌低。

俗话说得好，天大地大，人心最大，因为人心从来都是装不满的，得陇望蜀，这是人世常态。

话说有一位仙人，时常行走于人间，度化有缘之人。一天，他来到一个破落的小村子，看见一对老夫妇在自家的茅草房前摆摊卖水。于是他就借买水的时候跟老夫妇搭话。

仙人问他们日子过得怎么样，老夫妻都说很贫困。仙人又问有什么愿望，老夫妻都说要是能开个酒店卖酒日子就好过了。

仙人听后，走到井边，解下腰间的酒壶，往井里滴了几滴酒，顿时水井中溢出阵阵酒香，打上来的水都变成了甘醇的美酒。老夫妻见了大喜。从此之后，夫妻两人不再卖水，而是卖起了酒井里的美酒，日子过得一天比一天好。

不知不觉一年过去了。这一日，仙人又回到了这个小村。见到老夫妇原本的茅草房不见了，取而代之的是一家两层小酒楼。

但是不知为何，夫妇二人的脸上还是愁眉苦脸，于是仙人就问他们现在日子过得怎么样啊。老夫妇说，自从你把井水变成了酒水之后，日子是过得比以前好了。不过我家的猪就可怜了，这井只能打出酒，没有酒糟，猪却是没得吃了。要是能有酒糟喂猪，那就更好了。

仙人听了摇头叹息，说道："天高不算高，人心比天高。清水当酒卖，还嫌没有糟，飘飘然去了。"

从此以后，那口井就枯竭了，再也没有美酒涌出来。

"清水当酒卖，还嫌没有糟！"这对老夫妻的贪婪，倒是和《渔夫和金鱼》当中的那个妇人有几分相似了，贪得无厌，最终却是竹篮打水一场空。

老子说："罪莫大于可欲，祸莫大于不知足；咎莫大于欲得。故知足之足，常足矣！"罪孽之大莫过于任情纵欲，祸患之大莫过于不知满足，过错之大莫过于贪得无厌。所以，知道满足的人，永远是满足的。

而朱熹也说："世上无如人欲险，几人到此误平生。"自古以来，"贪"之一字，不知道葬送了多少人的一生。

贪婪是幸福的杀手，人们贪恋金钱，贪恋权力，贪恋名誉地位，可最终反而被这些所束缚，成为了它们的奴隶。

庄子说："鹪鹩巢于深林，不过一枝；偃鼠饮河，不过满腹。"鹪鹩在深林里筑巢，不过占据一棵树枝；鼹鼠在大河里饮水，不过喝满一肚子。

其实，幸福有的时候很简单，只要你有一点儿知足就可以了。对物质、对权力、对得失，少几分刻意，少几分强求。顺其自然，心灵安逸，幸福自然就来了。

有求乃苦，放下即得到

执着如渊，是渐入死亡的沿线，执着如尘，是徒劳的无功而返。执着如泪，是滴入心中的破碎，破碎而飞散。

——释迦摩尼

人生在世总有太多的回忆、太多的遗憾与太多的不舍，这些遗憾和不舍便是我们执着的根源。因为执着，所以我们放不下，久而久之，它就变成了我们心灵的束缚。

我们说放下的本身，就包含我们正在提着捏着一些东西不放，其实只有我们放下时，才能真正把握。

人们常说，世道太艰难，生活太艰辛，社会太繁杂，所以，我们都无奈的放下了很多东西。扪心自问一下，那些东西都放下了吗，恐怕不是？因为它还在你们的心中，你们那只是放弃，而不是放下。

人生的一切烦恼，归根到底就是因为没有学会放下，使自己的身心背负着沉重的包袱，生活也变得越来越辛苦。“智者无为，愚人自缚”，人通常喜欢给自己的心灵套上枷锁。但是，当人们的心灵感到疲倦和痛苦时，很少有人会想到让自己的心灵放下对外境事物的执著，不仅如此，人们还会愚昧地将心灵的痛苦归咎于外境事物的不如意。

佛陀住世时，有一位名叫黑指的婆罗门两手拿了两个花瓶，前来献佛。

佛陀对黑指婆罗门说："放下！"

婆罗门把他左手拿的那个花瓶放下。

佛陀又说："放下！"

婆罗门又把他右手拿的那瓶花放下。

然而，佛陀还是对他说："放下！"

这时黑指婆罗门说："我已经两手空空，没有什么可以再放下了，请问现在你要我放下什么？"

佛陀说："我并没有叫你放下你的花瓶，我要你放下的是你的六根、六尘和六识。当你把这些统统放下，再没有什么了，你将从生死桎梏中解脱出来。"

人的心灵总是被太多的包袱拖累，放下包袱，放下执念，同时也是在放飞你的心灵。佛说：放下既得到。放下烦恼，既得到快乐；放下仇恨，既得到解脱；放下贪欲，既得到平和。

所以说"放下"，不仅是一种解脱的心态，更是一种清醒的智慧。不管境遇如何，放下昨日的辉煌，放下昔日的苦难，放下所有束缚你的包袱。放下了，你就会有顿悟之后的豁然开朗，重负顿释的轻松，云开雾散后的阳光灿烂。

一个人向禅师请教佛理，禅师给他一个杯子，让他倒满茶。求教者奇怪地问："这个杯子是满的，如何再倒茶进去？"禅师说："你的心里装满了执着，如何听得见佛理？"这正如一个哲人所说的：当你紧握双手，里面什么都没有，当你松开双手，世界就在你手中。

有一天，老和尚带着小和尚去下山化缘，下山前老和尚特意叮嘱徒弟，到了山下什么都可以碰，但千万不要近女色，小和尚听到了师傅的话急忙称是，就这样师徒两人下山了。

刚到山脚下，师徒两人就遇见一位姑娘，姑娘站在河边，想过河却又不敢过，于是老和尚就背着姑娘过了河，小和尚很纳闷，为什么师傅叮嘱自己不准近女色师傅却背女人呢？

他还不敢问，就这样小和尚就继续和师傅下山，小和尚越走越觉得心里憋的慌，直到走了20里路，他终于忍不住了，便叫住了老和尚问道："为什么您不让我近女色，而你却背姑娘过河呢？"老和尚从容的回答说："我是背她了，可我背她到河对岸就把她放下了，为什么你背了20里路还是放不下呢？"

佛语有云，人生有八苦：生，老，病，死，爱别离，怨长久，求不得，放不下。小和尚因为放不下，所以心中才一直不得宁静。

人生路上会遭遇到许许多多的不幸、挫折、失败、打击、痛苦、孤独等，当你放下这一切时，心灵就会得到解脱，该放不放，必是大患。

放下并不等于放弃，只有懂得衡量利弊得失，不强求、不逼迫、不委屈自己，去追求不属于自己的东西，才不会迷失自我徒增烦恼。放下才会得到。

清·王翚　松壑垂纶图

第四章 不争

做平常事，得异常福

国学之智

淡泊静心，始终保持一颗平常心

荣辱不惊，闲看庭前花开花落；去留无意，漫随天外云卷云舒。

——《菜根谭》

得到恩宠还是受到侮辱，都不在意，只悠闲地看庭前花开花落。无论被晋升被贬谪都不去在意，只让自己像天边的轻云一样随心漂浮。

人生不如意事十有八九，得到固然是一件令人欣喜的事情，然而一旦失去，也不要为此而感到惶惶不安。不以物喜，不以己悲，是一种大智大慧的境界。

塞翁失马焉知非福，有时候将得失看的太重，就会失去平常心，这样反而不美了！

前秦氐族人苻朗所撰《苻子》记载：传说夏王太康时，东夷族的首领名叫后羿（并非尧帝时射日之后羿），是一位百步穿杨的神射手。夏王听闻后，非常欣赏他的本领，于是便派人招他入宫来给自己表演。

夏王带他到御花园里找了个开阔地带，叫人拿来了一块一尺见方、靶心直径大约一寸的兽皮箭靶，用手指着说：“今天请先生来，是想请你展示一下精湛的本领，这个箭靶就是你的目标。为了使这次表演不至于因为没有竞争而沉闷乏味，我来给你定个赏罚规则：如果射中了的话，我就赏赐给你黄金万两；如果射不中，那就要削减你一千户的封地。现在请先生开始吧。

后羿听后脸色不定，呼吸紧张局促，而后乃引弓射箭，没想到竟然没有射中。如此，后羿变得更加急躁了，他再次弯弓搭箭，但结果却射得更偏。

夏王对大臣傅弥仁说："这个后羿，射箭是百发百中的；但对他赏罚，反而就不中靶心了，这是何故呢？"傅弥仁说："就像后羿，高兴和恐惧成为了他的灾难，万两黄金成为了他的祸患。人们若能抛弃他们的高兴和恐惧，舍去他们的万两黄金，那么普天之下的人们都不会比后羿的本领差了。"

后羿因为失去了平常心，所以没有得到他应该得到的，反而失去了他不该失去的东西！

天下熙熙皆为利来，天下攘攘皆为利往，人活在世上，无论贫富贵贱，都不免要和名利打交道。

乾隆下江南时游历金山寺，看到山脚下大江东去，百舸争流，于是便问高僧："你在这里住了几十年，可知道每天来来往往多少船？"高僧答："我只看到两只船。一只为名，一只为利。"这真是一语道破天机。

得失随意，宠辱不惊。平常心，虽然只是简单的三个字，但却是人们常常难以跨越的一道鸿沟。六祖慧能曾说："本来无一物，何处惹尘埃。"这种超脱凡俗、超越自我的境界，正是对待平常心的深刻体悟。

用平常之心，看待不平常之事，则事事平常。在现实当中，许多人往往缺乏平常心，以名利作为追求的目标，以金钱和权利作为人生幸福的标准。为欲所惑，贪图享乐，最终陷入欲望的泥沼而无法自拔。

很多人很难做到一心一用，他们穿梭在利害得失之中，被世间浮华宠辱所迷惑。他们在生命的表层停留不前，因此而迷失了自己，丧失了“平常心”。要知道，只有将心灵融入世界，用心去感受生命，才能找到生命的真谛。

人们的欲望总是无止境的，总是期望得到更多，我们还未成佛，所以我们做不到功名利禄一切随他去，也无法成为真正的自在人，重要的是，你是否能一直坚守自己的本心不失。

即便我们做不到完全的“淡泊名利”，但至少我们的双眼不要被“乱花”所迷，做到在适度追求名利的同时，时常地去修剪自己的欲望。

出世入世，以出世的心做入世的事

风来疏竹，风过而竹不留声；雁度寒潭，雁过而潭不留影。故君子事来而心始现，事去而心随空。

——《菜根谭》

世间人在追求事业的过程中，难免会很执着，因为执着而带来痛苦，所以活着很累，因此要以超脱出世之心，做积极入世之事。那么什么是出世心呢？佛法中出世有出离、超越之意，人们超脱了执着、痛苦和烦恼，这便是出世心了。

张载和程颢都是北宋的儒学大师，有一回张载向程颢提了一个问题，他说，人们在安静时容易做到心性不乱，但是一旦遇到事情和压力，就很容易失去方寸。如何让一个人在忙忙碌碌之中保持从容自得、心性不乱呢？

程颢觉得他的问题问得很好，于是就专门写了一篇文章回应张载，他认为，人之所以一遇事便乱，是因为太在意事物的结果，这种在意，让人对于外界的因素过于敏感，心情时刻随外界的波动而波动，以至于一旦遭遇挫折或失败，心情就开始惶恐了。

要真正做到不为外物所累，关键在于提升我们自身，要开阔我们的心胸。如果我们的胸怀博大到足以容纳所有事物，自然就能够做到“静亦定，动亦定”。这篇文章便是后世广为流传的《定性书》。

世间之事总是摆脱不了恩怨、情欲、得失、利害、成败、对错。正所谓“当局者迷，旁观者清”，有的时候，我们太过于注重得失成败，不但没有丝毫的益处，反而会因为患得患失出错，相反的，若是能够看淡得失，排除私心杂念，以出世的精神去做入世的事业，反而会事半功倍。

一天，一个大户人家的庭院中，两个仆人正在闲聊。

仆人甲问：“为什么每天看到你都是心事重重的呢？”

仆人乙叹了口气说：“我每天都做那么多的事，总是会担心，要是做不好，做错了怎么办？你呢，你为什么每天都这么从容呢？”

仆人甲答：“因为我从来都不担心。”

两人的对话正好被路过的主人听到了，主人心想仆人乙每天担心事情做不好，说明他用心了，仆人甲从来都不担心，说明他没有把事情放在心上，他心中暗暗地赞赏仆人乙，对仆人甲则有些不满。因此，他决定要重赏仆人乙。

于是，主人到后院找自己的夫人，对他说：“一会儿我会派人去给你送酒，你一定要重重赏赐那个送酒的人。”夫人虽然不明白他的意思，却还是答应了。

接着，主人把仆人乙找来，随手拈来自己喝过的半杯酒说：“你把这半杯酒给夫人送去。”

仆人乙接过酒后，心中暗自琢磨：“主人府上的酒有千桶万桶，为什么让我把这喝剩的半杯酒送给夫人呢？夫人看了会发火吗？”由于他心不在焉地想着事情，结果一不留神撞在了门外的立柱上，顿时脑袋上被磕了个大包。

仆人乙本来就担心自己给夫人送酒会被斥责，现在弄成自己鼻青脸肿就更加失礼了，说不定夫人会把自己直接赶出家门。可是不去的话，又怕主人怪罪自己，恰巧这时，仆人甲过来了。于是他恳请仆人甲帮忙把酒给夫人送去。仆人甲也没有多想就接过酒杯。

后院里，夫人正在等候送酒之人，见仆人甲送酒来，就将所有的赏赐都给了他。

现实生活中，那些整天想着功成名就的人，生活大多都十分辛苦，一天到晚为了名利，在世俗尘劳中辗转沉沦。最后的结果，往往弄得自己寝食难安。

一个人入世太深，久而久之，当局者迷，陷入繁琐的细枝末节之中，把实际利益看得过重，注重现实，囿于成见，难以超脱出来冷静全面的看问题，也就难有什么大的作为。所以我们才需要一点出世之心，顺其自然，以平和的态度对待事物，不要苛求结果的完美。

当然，所谓出世并不是让我们彻底地隔离世间，一个人在世上，只是一味地出世，一味地冷眼旁观，一味地不食人间烟火，而不想去做一点实际的，那并不是真正的出世。

朱光潜说："以出世的态度做人，以入世的态度做事"我们所提倡的出世，是一种态度，是解放你的思想，这么做是为了更好地入世，更好的面对世间的一切事物。

心向圣贤，怀圣人之心做平常事

圣人常无心，以百姓心为心。善者，吾善之；不善者，吾亦善之，德善。信者，吾信之；不信者，吾亦信之，德信。圣人在天下，歙歙焉，为天下浑其心。百姓皆注其耳目，圣人皆孩之。

——《道德经》

圣人对世间万事万物没有主观的成见，而是以百姓的意志为意志。善良的人，我以善良对待他；不善良的人，我也以善良对待他，这样天下人的品德都善良了。诚信的人，我以诚信对待他；不诚信的人，我也以诚信对待他，这样天下人的品德都诚信了。圣人立于天下，要谨慎收敛自己的意志，切莫张扬。让天下人的心灵都变得混沌、纯朴，百姓都专注于自己的视听，而不要去算计别人。圣人就像对待自己的孩子一样对待他们。

真正有道的圣人，是用无常心治天下的。所谓“无常心”就是没有主观的成见，没有我见。那么有道的圣人，以什么为心呢？“以百姓心为心”。一切人的需要，一切人的心理思想，就是他的心理思想，这就是现代所谓民主自由的真正道德精神。要真正做到这些，才是“以百姓心为己心”，才称得上是真正的圣人。

圣人从不以自我主观意志决定他人好恶、判断是非，也不以自我主观意志去限定别人的意志。当今社会，我们每一个人的痛苦与迷惑，往往都是自我的偏执造成的。

偏执的人往往是深陷于自己的观念当中，当这个观念与大家不相同时，就觉得别人错了，自己才是对的，可是别人并不因为他而改变自己的观念，于是就产生矛盾，痛苦和迷惑也就这样产生了。

这个世界这么大，太过以自我为中心的人，难免会坠入“狭隘”的泥沼，从而变得斤斤计较，常常为了一点小事就较真。

一对夫妇常为吃苹果的事情发生争吵。

妻子觉得苹果皮上有农药，吃了可能会中毒，所以一定要把皮削掉才吃；而丈夫则认为皮更有营养。因此就常吵。最后，竟吵到他俩的老师家去了。

老师对妻子说：“你先生这么多年都吃不削皮的苹果也没事，你有什么可担心的。”

老师又对丈夫说：“你嫌你太太不吃苹果皮太浪费，你吃了不就可以了！”

由于家庭环境不同，成长过程不同，每个人的生活习惯也会有所不同。因此，不要勉强别人来认同自己的习惯，同时，也要宽容别人的习惯。摒弃个人利益将使人生变得不可思议，而摒弃自私，则会使人变得更加完美。

孔子一生以四绝“勿意、勿必、勿固、勿我”要求自己。

“勿意”的意思是指做事不能凭空猜测主观臆断，一切以事实为依据，尽量不要没有事实依据就主观臆断、凭空猜测。

“勿必”的意思是指判断事物不能绝对肯定，正所谓事无绝对，辩证看问题，才是正确的。

“勿固”的意思就是不能拘泥固执，一味地固执，会使自己偏离正确的轨道，所谓兼听则明，怎样让自己保持一个清醒的头脑是至关重要的。

“勿我”的意思就是不要自以为是。总是认为自己的观点和做法都正确，不接受他人意见。

社会上的每个人都有其各自的欲望与需求，不可能人人都能如愿，这就难免会出现矛盾。我们要正视客观现实，在必要时做出点让步。不能只顾自己的权利与需求，忽视他人的存在。如果每个人心目中都只有自我，那么，可能每个人都不会有好日子过的。

有的时候，从自我的圈子中跳出来，多设身处地地替其他人想想，以求理解他人，并学会尊重、关心、帮助他人，这样才可获得回报，从中也可体验人生的价值与幸福。

也许我们永远都无法成为像老子、孔孟这样的圣人，但只要秉持着圣人的情怀，怀圣人心，做平常事，这样也便和圣人相差不远了。

滋味浓时，减『三』分让人尝

径路窄处，留一步与人行；滋味浓时，减三分让人尝。

——《菜根谭》

与人交往就应该做到平和谦让，在道路狭窄之处，留下一步让别人走，享受美味的时候，分一点给别人品尝。大方一点，就算自己吃点亏又有什么关系，这并不是什么坏事。凡事都要跟别人争个你死我活，搞得两败俱伤又有何益？若是你可以抱着一颗宽容之心，不仅帮助了别人，自己也能够感受到助人为乐的愉悦，还可以得到对方的善意，一举数得，何乐而不为呢？

老话常说：凡事留一线，日后好想见。在人际关系中，可不要小看这一线的力量，他可能会让你多几个朋友，少几个敌人，从而让你的事业发生截然不同的改变。也许你不在乎这一点，全然不留余地，西瓜也要，芝麻也不放，那可能会给你带来短期的利益，但却会让你失去道义、信用、名节、信任等等！

有人说，堵塞别人的道路等于断了自己的退路，凡事留一线，这一线不光光是留给别人的，也是留给自己的。

一只狼发现了一个山洞，这个山洞是动物们去往树林唯一通道。这只狼很高兴，觉得只要守住这个洞，那他不就衣食无忧了。于是他便等在山洞的另一头，等着动物们来送死。

第一天，来了一只羊。狼拼命地追了过去，可是这只羊发现了一个可以令他逃命的小洞，羊便从小洞中仓皇逃跑。狼气急败坏，于是堵上了这个小洞。

第二天，来了一只兔子。狼照旧地追赶兔子。结果，兔子在危急时刻又发现了一个比昨天更小的洞，又从小洞中逃脱了。于是狼再次的把类似的小洞全堵上了。

第三天，洞口出现了一只松鼠。狼奋力追捕，但是松鼠却还是找到了一个比较小的洞口钻出去了。狼这次再也受不了啦，他疯狂地封住所有的洞，并且在上面糊上厚厚的泥巴，连一只小鸟都跑不了，它心想，这回可算是万无一失了吧!

第四天，一只老虎从洞口蹿了出来，狼被吓得拔腿就跑，可是所有的洞口都被它自己封死了，狼在里面找不到任何出路，最终被老虎吃掉了。

这头贪心的饿狼，因为没有留下丝毫的余地，所以也将自己置于死地，断送了自己逃生的希望。

谦让是一种美德，也是一种智慧，绝壁小道上，两人交错而行，若是都不肯相让，最后的结果可能是双双掉进悬崖。拥有美味的时候，若想一人独享，只怕也会遭人嫉恨，而若是与人共享，说不定就会有意外的收获。

据说韩国北部的柿农在收柿子的时候，经常会留下一些熟透的柿子给过冬的喜鹊，让他们在冬季不至于挨饿，而受益的喜鹊则整天忙着捕捉果树上的虫子，从而也保证了来年柿子的丰收。

这是一个讲求“双赢”的时代，对手有时候也是伙伴，若是丝毫余地都不留，那恐怕也没有谁会与你合作交往了。

在印尼的苏门达腊岛上，生长着许多的咖啡树，岛上的居民都靠采集咖啡豆制作咖啡谋生。同时，岛上还生活着一种叫做棕榈猫的动物，平时以咖啡果为食，而且它们比人类更善于爬树，往往在人们还没有开始采摘时，那些最熟最圆润的咖啡果，就已经成为这些棕榈猫的美餐了。于是，为了生计，岛上的居民开始捕杀棕榈猫。

然而，有一天突然有人发现，那些棕榈猫的排泄物中，竟有很多没有消化的咖啡豆。原来，棕榈猫只是喜欢吃甜美的咖啡果实，但果实里的咖啡豆却因无法消化，所以就被排出了体外。

这个人就试着把这些咖啡豆收集起来，卖给经营咖啡的商人。没想到，人们在品尝到这些咖啡时，却震惊了。原来，棕榈猫的消化系统，对咖啡会产生特殊的发酵过程，使得原本很普通的咖啡豆，变得更加美味。

现实生活中，偶尔为了别人的利益，可能会牺牲到我们部分的利益，表面上看，我们仿佛是吃亏了。但是从大局来看，我们可能是赢家。

王洪明说：人情反复，世路崎岖。行不去处，须知退一步之法；行得去处，务加让三分之功。

留一步让三分，不仅给别人留一条活路，也是拓宽人际资源的绝妙之策。今天你让了他一步，明天他会还你两步。如果你不懂利益均沾，凡是好处都自己独吞，那你的路只怕会越走越窄。

万事随缘，不争不抢怡然自得

上善若水，水善利万物而不争。

——《道德经》

水以它特有的柔弱不争的性格，哪里低就流到哪里，随方就方，随圆就圆，无私地浇灌万物，供人们利用，抚育人和万物生长。从无有自恃、自是、自我、自矜的行为。可谓至善完美。

道家讲“清虚”，佛家讲“空”，空到极点，清虚到极点，这时候的智慧自然高远，反应也就灵敏。要像水一样与物无争，与世不争，那便是永无过患而安然处顺，犹如天地之道的似乎至私而起无私的妙用了。

《三国演义》中的周瑜，年纪轻轻便为江东大都督，执掌江东六郡八十一州的兵马，可谓少年得志，赤壁之战统帅吴蜀联军大败曹魏，风头一时无两，但就因为争强好胜，与诸葛亮斗气，被诸葛亮“三戏”，最后落得个吐血身亡。

当我们面对各种竞争时，偶尔会感到茫然。很多东西你争到了，但是最后却觉得不值。何况有些东西不是你争就能得来的。有时候故意跳出竞争的小圈子，会发现自己处在一个更大的竞争圈子里。

有一个僧人，虽然在修行禅道颇下苦功，但始终不得入门，眼看着许多比他入门还要晚的师兄弟对禅都能有所体会，就觉得自己实在没有资格学禅，心想自己还是做个行脚的苦行僧算了。于是僧人就打点行李，计划远行。临走时便到法堂去向师父辞行。

僧人禀告道:“老师！我辜负您的期望，自从皈投在您座下参禅已有十多年了，可是对禅仍是没有什么领悟。我想我实在没有学禅的慧根，今向您辞行，我将云游他方。”

师父非常惊讶问道:“为什么没有觉悟就要走呢？难道到别处就可以觉悟吗？”

僧人诚恳地再禀告道:“我每天除了吃饭、睡觉之外，都尽心于道业上的修行，但却迟迟不见成效。反观那些师兄弟们一个个都能有所领悟。在我内心的深处，已经萌发一股倦怠感，我想我还是做个行脚的苦行僧吧！”

师父听后开示道:“悟，是一种内在本性的流露，是学不来也急不得的。别人是别人的境界，你修你的禅道，这是两回事，为什么要混为一谈呢？”

僧人道:“老师！您不知道，我跟他们一比，立刻就有大鹏鸟与小麻雀的惭愧。”

师父装着不解似地问道:“怎么样的大？怎么样的小？”

僧人答道:“大鹏鸟一展翅能飞越几百里，而我只囿于草地上的方圆几丈而已。”

师父意味深长地问道:“大鹏鸟一展翅能飞几百里，它已经飞越生死了吗？”

僧人听后默默不语，若有所悟。

比较是烦恼的来源，僧人总是执着于与其他弟子的差距，怎能透过禅而悟道呢？大鹏鸟一展翅千八百里，但不能飞越过生死大海。所以小麻雀

与大鹏鸟虽然速度上有快慢，但禅确是从平等自性中流出来的。

吴承恩的《西游记》中有这样一首诗：争名夺利几时休，早起迟眠不自由，骑着驴骡思骏马，官封宰相望王侯。只愁衣食耽劳碌，何怕阎君就取勾。继子荫孙图富贵，更无一个肯回头。

贪心似乎就是与生俱来的。大多数人活着都在追求物质，贪图利益，拥有了还想有，得到了还盼望，破的换成新的，新的又换成时尚的，时尚的又想换成高档尊贵的，一换再换，一新再新，人心却变得越来越不知足。

争名夺利本身就是一种痛苦，不仅带给自己痛苦，也带给别人痛苦，仔细想想，即使自己的钱财再多，到头来自己能带走多少？还不是“空手而来，空手而去”，东西再多自己用的也有限。俗语说得好：家有广厦万间，不过六尺小床；纵有黄金万两，不过一日三餐。

当然，不争也并不是让你不去奋斗，而是要明白凡事有度，万事随缘，适可而止！

第五章 度量

国学之智

胸怀度量方成大事

明·唐寅　湖山一览图

胸怀度量，宰相肚里能撑船

君子贤而能容罢，知而能容愚，博而能容浅，粹而能容杂。

——《荀子·非相》

君子贤能而能容纳无能的人，聪明而能容纳愚昧的人，知识渊博而能容纳孤陋寡闻的人，道德纯洁而能容纳品行驳杂的人。

古人云：人非圣贤孰能无过。在这个世界上，没有谁是不犯错误的，所以，要能容得下他人的些许过失，若是因为一丁点的小错误，就大发脾气，就一竿子把人打翻，这种行为肯定是要不得的。

人分为三个境界，一是没能力，有脾气；二是有能力，也有脾气；三是有能力，没脾气。”

欲用无过之才，将永无可用之才。知错能改，善莫大焉！有了过失，只要肯于改正，那就可以了。一有过失，便置之不用，是对人才的浪费。而且人犯错误，也并非全是坏事，若是能端正态度，寻找原因，就可以避免再犯同样的错误了。

李斯曾向秦始皇谏言：“泰山不让土壤，故能成其大；河海不择细流，故能就其深。”泰山不排除细小的土石，所以能那么巍峨高大。河海不舍弃细小的支流，所以能成就它那样的深广。秦始皇正是听从了他的话，从而虚怀若谷，容事容人，广纳天下良才，这才成就了秦国的强大，最后横扫六国，统一了天下。

唐明皇因安禄山之乱由京城逃走，一直逃到了四川成都，终于靠郭子仪打败了安禄山，收复两京，迎唐明皇还都，郭子仪也因功封王。后来唐代宗继位，把其爱女升平公主许与郭子仪之子郭暧为妻。

有一回郭子仪做寿，子婿纷纷前往拜寿，唯独升平公主没有来。于是郭暧很生气,两人便吵了起来。郭暧说:“你不就是倚仗着你父亲是天子吗?我父亲只不过是不屑于做天子罢了！”

升平公主听了大怒，乘车飞奔入宫把这件事报告了父亲，没有想到代宗却说:“此事并非你所能知。他们真是这样，假使他们想要做天子，天下怎么会是你家的呢！”代宗安慰劝说一番，就让公主回去。

郭子仪听说此事后，非常害怕，立马就将郭暧囚禁起来，自己入朝等待代宗的惩处。代宗对郭子仪说:“有一句俗话说：不痴不聋，不做阿姑阿翁。儿女闺房中的话，你去管他干嘛呢？”

宋代陈希夷的《器量论》讲到，人也是一个器物，各有自己的容量。像天地一样包罗万象的容量，是圣贤帝王所效法的。古代的夷齐有容人的大量，孟子有浩然的气量，范仲淹有济世救民的德量，郭子仪有厚德载物的富量，诸葛亮有神机妙算的智量，欧阳修有谆谆诲人的教授量，吕蒙正有含羞忍辱的度量，赵云有力战千军的胆量，李德裕有力拔山兮的力量，这些人都有成大事的器量。

器量狭小的人，如果居于领导地位，必然会跟部下结怨；如果担任管理者，必然被下属仇视。

陈胜称王之后，以陈县为国都。从前一位曾经与他一起雇佣给人家耕田的伙计听说他做了王，来到了陈县，敲着宫门说:“我要见陈涉。”守宫门的长官要把他捆绑起来。经他反复解说,才放开他,但仍然不肯为他通报。

正巧此时陈王出门，他就拦路呼喊陈涉的名字。陈胜听到了，才召见了他，与他同乘一辆车子回宫。走进宫殿，看见殿堂房屋、帷幕帐帘之后，那人说:“陈涉大王的宫殿真是气派啊！”

这人在宫中出出进进越来越随便放肆，常常跟人讲陈涉从前的一些旧事。有人就对陈王说:“您的客人愚昧无知，专门胡说八道，有损于您的威严。”陈胜就把那人给杀死了。从此之后,陈王的故旧知交都纷纷自动离去，没有再亲近陈王的人了。

老话说得好：将军额上能跑马，宰相肚里能撑船。如果身在高位，就要有匹配的风范和修养。天称其高者，以无不覆；地称其广者，以无不载；日月称其明者，以无不照；江海称其大者，以无不容。世界上最广阔的是海洋，比海洋更广阔的是天空，比天空更广阔的是人的胸怀。

兼听则明，不轻信他人只言片语

国君进贤，如不得已，将使卑逾尊，疏逾戚，可不慎与？左右皆曰贤，未可也；诸大夫皆曰贤，未可也；国人皆曰贤，然后察之；见贤焉，然后用之。左右皆曰不可，勿听；诸大夫皆曰不可，勿听；国人皆曰不可，然后察之；见不可焉，然后去之。左右皆曰可杀，勿听；诸大夫皆曰可杀，勿听；国人皆曰可杀，然后察之；见可杀焉，然后杀之。

——《孟子·梁惠王》

国君选择贤才，在不得已的时候，甚至会把原本地位低的提拔到地位高的人之上，把原本关系疏远的提拔到关系亲近的人之上，这能够不谨慎吗？

因此，左右亲信都说某人好，不可轻信；众位大夫都说某人好，还是不可轻信；全国的人都说某人好，然后去考察他，发现他是真正的贤才，再任用他。左右亲信都说某人不好，不可轻信；众位大夫都说某人不好，还是不可轻信；全国的人都说某人不好，然后去考查他，发现他真不好，再罢免他。左右亲信都说某人该杀，不可轻信；众位大夫都说某人该杀，还是不可轻信；全国的人都说某人该杀，然后去考查他，发现他真该杀，再杀掉他。

无论是天下大事如国家的拔用人才，小则如一个公司行号，乃至一个小小团体，人挤人，人排人，总是难免的。所以一个当主管的、当家的，一定要切记‘士无论贤愚，入朝则必遭谗。女无论美丑，入宫则必遭嫉的原则’，然后处之以仁义，运用以智慧德术，效果会好得多。

常言道:“人言不足信，只可信三分。”这话对于人性来说，虽然有些悲观，但是不可否认，有一些虚伪狡诈的小人，表面上貌似对你热情慷慨，实际上却用心险恶。当他顶着伪善的面具，打着“为你着想”的旗号给你“献策”、“支招”的同时，说不定内里包藏什么不可告人的目的。

《韩非子》中记载着这样一个故事:

鲁国执政叔孙豹非常宠爱一个名为竖牛的家臣。叔孙豹有个儿子叫壬，竖牛嫉妒他的才能，一直都想害死他。有一次，竖牛带他去见鲁君。鲁君赏给壬一个玉环，壬不敢佩戴，让竖牛请示自己的父亲，竖牛说:“我已经替你请示过了，你戴吧。”壬听了非常高兴，于是就把玉环戴上了。没有想到，竖牛立马又去对叔孙豹说:“您怎么不让壬去见国君呀?”叔孙豹说:“小孩子见什么国君呀”。竖牛说:“他早就见过国君了，国君赏给他玉环他都戴上了。”叔孙豹叫来壬一看，果然如此，于是便心生猜忌“怒而杀壬”。

叔孙豹还有个儿子叫孟丙，竖牛也想除掉他。叔孙豹给孟丙铸了一口钟，孟丙不敢敲，让竖牛请示叔孙豹。竖牛说:“敲吧，我替你请示过了。”叔孙豹听见钟声后说:“孟丙不请示就擅自敲钟。”便把他赶走了。

孟丙逃到了齐国。一年后，竖牛假装替孟丙向叔孙豹谢罪，叔孙豹就让竖牛召回孟丙，竖牛没去召人，却跟叔孙豹说:“孟丙很生气，不肯回来。”叔孙豹十分震怒，派人杀了孟丙。

两个儿子已死，叔孙豹患病，竖牛就独自侍奉他，把近侍们支开，不让他人进入，对人们说:“叔孙不想听见人声。”竖牛不给叔孙豹东西吃，活活把他饿死了。叔孙豹已死，而竖牛并不发讣告，把叔孙豹财库里的贵重珍宝搬迁一空，然后逃往齐国。

从这个故事可以看出，父子骨肉之间，仍然可以因为别人的谗言而自噬。更何况是其他关系呢？

人与人之间的交往是不可缺少的一部分，每个人都离不开一定的社会活动。尤其是对摸不清底细的人，切记不可轻信。

太多的事实告诉我们，当过于相信一个人的时候，对他所说所做的一切都不会有所怀疑，于是他所说的话似乎都变成了真理，这时你已经踏入了圈套，一个“说者有心，听者信任”的圈套。

春申君有个小妾名叫余，余想成为正室，就想让春申君废掉正妻，于是便伤害自己的身体，而后去找春申君给他看，并哭着说：“能做您的侍妾，我感到很幸运。然而顺从夫人就无法侍候好您，顺从您又无法侍候好夫人。我实在不贤，没有能力使你们二位都称心，既然不能都服侍好，与其死在夫人那里，还不如死在您面前。我死以后，假如您身边再有得宠的人，希望您一定要明察这种情形，不要被人笑话。”

春申君相信了余的谎言，为此抛弃了正妻。

后来，余又想杀正妻的儿子甲，而让自己儿子做继承人，就自己撕破衬衣里子，让春申君看并哭着说：“我受宠于您的时间很长了，甲不是不知道，现在竟想调戏我。我和他争执，竟至撕破了我的衣服。孩子不孝顺，没有比这更严重的了。”

春申君听了大怒，就杀了甲。

所谓“小人”，往往都隐藏得挺深，他们看上去忠厚老实，对你掏心掏肺，但是你若是轻信了他们的话，那恐怕就要吃亏了。他们可能将你充当某种工具，拿你当枪使，去实现他不可告人的企图。

当然，不轻信人言，也不是要你完全的不信任别人，信任依然是人与人交往的基石，若是你对整个世界都失去了信任，等于是自绝于整个社会了。所谓的不轻信人言，是要我们凡事多思考，仔细斟酌，不要盲目信任。

宋朝余靖曾说：诺不轻许，故我不负人。诺不轻信，故人不负我。抱着诚信的理念去处世，同时也要心存警惕，小心提防，只有这样才能做到既不负人，也不负于人。

闻过则喜，更让自己长足的进步

良药苦口利于病，忠言逆耳利于行。

——《孔子家语·六本》

苦口的药虽然很难让人吞咽，但有利于治病；忠诚的话虽然有点伤人，但有利于人们改正自身的缺点。

在中国几千年的封建社会中，帝王的权力都是至高无上的，没有任何力量能够制约。虽然历朝历代都有言官谏臣，规劝君王种种行为，但是听或不听还是取决于帝王，而且他还掌握着言官们的生杀大权，一不顺意，便是身死族灭的下场。古往今来，不知多少忠臣谋士敢于犯颜进谏，慷慨陈辞，而悲壮地倒在宫门外。

忠言逆耳，古有明训。讲话固然不容易，能够接受，能够听进忠言的更难。只有高明的人，才肯接受逆耳之言。

太宗有一次下朝后生气地说："真该杀了这个乡巴佬！"文德皇后问："谁冒犯陛下了？"太宗说："难道有谁能比魏征更让我生气？每次朝会上都直言进谏，经常让我不自在。"皇后听了退下去，过了会儿穿上朝服站在庭院里向太宗祝贺。太宗震惊地说："皇后这是做什么？"皇后回答说："我听说君主圣明臣子们就忠诚，现在陛下圣明，所以魏征能够直言劝告。我因能在您这圣明之君的后宫而感到庆幸，怎么能不向您祝贺呢？"魏征死后，唐太宗极为伤感地对众臣说："以铜为鉴，可以正衣冠；以古为鉴，可以知兴替；以人为鉴，可以明得失。今魏征逝，一鉴亡矣。"

陈毅元帅有首诗："一喜得帮助，周围地友情，难得是诤友，当面敢批评。"纵观古今历史，凡是成就突出的人，大都勇于接受批评意见。他们能够从善如流，所以能够吸取众人的智慧，避免自己的失误，从而成就自己的事业。

秦王嬴政的母亲王太后与曾与内侍嫪毐通奸，并且还生下两个孩子。嬴政知道后，便将嫪毐满门诛杀，还杀死了两个同母异父的弟弟。而对于自己的母亲，嬴政不能处分，只好将她贬入咸阳宫，软禁起来。可是，幽禁母亲，毕竟是件大逆不道的事情，许多大臣为此纷纷发表意见，都遭到了他的严厉处罚。他下令说："日后有敢再来说太后的事情的，先用蒺藜责打，然后杀掉。"为此，有27位进谏者遭到残酷的杀戮。一时间，没有人再敢进谏。

这时候却有一个叫做茅焦的齐国人挺身而出，秦始皇没有立即处决他，而是派使者提醒说："你难道没有见到那些因为此事而被杀掉的人吗？"

茅焦回答："我正是为此事而来。我听说天上有二十八星宿，如今已经有二十七个了，我来就是要凑够二十八之数。"

嬴政听了大怒道："这人敢违背我的命令，找他过来，我要煮了他。"

茅焦见到嬴政，说道："忠臣不讲阿谀奉承的话，明君不做违背世俗的事。现在，大王有极其荒唐的作为，我如果不对大王讲明白，就是辜负了大王。"

秦王停顿了一会，说："你要讲什么？说来听听。"

茅焦说："天下之所以尊敬秦国，也不仅仅因为秦国的力量强大，还因为大王是英明的君主，深得人心。现在，大王车裂你的假父，是为不仁；杀死你的两个弟弟，是为不友；将母亲软禁在外，是为不孝；杀害进献忠言的大臣，是夏桀、商纣的作为。如此的品德，如何让天下人信服呢？天下人听说之后，就不会再心向秦国了。我实在是为秦国担忧，为大王担心啊。”

说完之后，茅焦解开衣服，走出大殿，伏在殿下等待受刑。秦王政听了茅焦这番话之后，深为震撼，知道自己的行为对收买人心、统一天下大业不利，于是，他亲自走下大殿，扶起茅焦，说：“先生请起，我愿意听从先生的教诲。”

茅焦进一步劝谏说：“以前来劝谏大王的，都是些忠臣，希望大王厚葬他们，别寒了天下忠臣的心。大王心怀天下，更不能有幽禁母后的恶名。”于是，秦王采纳了茅焦的建议，厚葬被杀死的人，又亲自率领车队，前往雍地把太后接回咸阳，母子关系得以恢复。

后来，茅焦受到秦始皇的尊敬，被立为太傅，尊为上卿。

我们处事固然不能优柔寡断，要有决断的勇气，但我们也应当有虚心纳谏的度量和容纳不同意见的胸怀，绝不能一意孤行，拒谏于千里之外。一个人若是经常能够得到别人的劝谏或是批评，这绝对可称之为一件幸事。要知道，批评一个人是需要很大勇气，冒很大风险的。臣谏君，可能会人头落地，下属劝谏上司，可能会丢掉饭碗。人都喜欢听好话，而不愿意听批评意见，有些人还会错误地对待批评，甚至把提批评意见的人当成仇人。

所以，有人向我们提出意见或批评，本身就是一种信任，若是我们无视这种信任，而让它变成仇恨的话，那无疑是得不偿失的。

推功揽过，成大事者必具的气度

子曰：『予小子履，敢用玄牡，敢昭告于皇皇后帝：有罪不敢赦。帝臣不蔽，简在帝心。朕躬有罪，无以万方；万方有罪，罪在朕躬。』

——《论语·尧曰》

商汤说：“我子履谨用黑色的公牛来祭祀，向伟大的天帝祷告：有罪的人我不敢擅自赦免，天帝的臣仆我也不敢掩蔽，都由天帝的心来分辨、选择。我本人若有罪，不要牵连天下万方，天下万方若有罪，都归我一个人承担。”

刘宽是东汉华阴人，字文饶。为人有德量，涵养深厚。汉桓帝时，征召刘宽授官尚书令，后又升为南阳太守，推举掌理三郡。刘宽办理政事，仁厚宽恕，属下官吏有了过错，只以薄鞭轻罚，以示耻辱而已。推行政事有功，皆让给属下，灾殃变异出现，便引咎负责，因此，深得百姓爱戴。

古人云：“责人重而责己轻，弗与同谋共事；功归人而过归己，尽堪救患扶灾。”作为领导者，一定要有一种推功揽过的精神品质，这既是一种人格力量的展现，又是领导能力的体现。领导者在日常工作中肩负指挥、协调之责，但是具体工作则多由下属完成，若是见了荣誉就上，见了功劳就抢，如何能凝聚人心干事业，又如何让你的下属死心塌地地追随呢？

官渡之战结束后，刘备率数万大军进攻许昌，结果反被曹操打得大败。

备军一路逃至汉江边上，刘备哭着对将士们说：“诸君皆有王佐之才，却不幸跟随了刘备。备之命窘，累及谋君。今日身无立锥之地，诚恐有误诸君。君等何不弃备而投明主，以取功名乎？”将士们听了这话，都被感动，不但没有离弃刘备，反而更加死心塌地地跟随他。

俗语有云：“当与人同过，不当与人同功，同功则相忌。”意思是说，应该有和别人共同承担过失的雅量，不应当有和别人共同分享功劳的念头，共享功劳就难免会引起彼此之间的猜忌。

国学大师南怀瑾先生曾说：“佛家所谓布施，乃至自己的生命都可以交给别人，这个精神多难！所以看了这一段记载历史的资料，懂得中国的政治思想。拿现在西方的民主精神来比较，西方思想无论怎样民主，也没有到达我们这个‘朕躬有罪，无以万方；万方有罪，罪在朕躬’的程度，这种带宗教性的自我牺牲的君主，可不容易。缩小范围来说，如果作一个单位主管，自己的政治道德修养，能够到达这个地步，就是最成功的人。当然对自己本身来说，会是很痛苦的，但是一个成功的人，就要担负所有人的痛苦，自己的痛苦绝对不放在别人的肩上，而部属的痛苦，都由自己替他承担。”

《菜根谭》上说：“完名美节，不宜独任，分些与人，可以远害全身；辱行污名，不宜全推，引些归己，可以韬光养德。”意思就是说，完美的名声和荣誉，不要一个人独占，应该跟人分享，才不会招来嫉恨，被人算计；不好的名声和错误，不可全推给他人，自己也要承担几分，这样才可以保全功名获得美德。

袁绍拥有中原四州，放眼天下，无人可与他抗衡，但是他刚愎自用，结果官渡之战大败。在官渡之战之前，袁绍手下谋士田丰曾经建议袁绍趁曹操与刘备在徐州鏖战之机突袭曹营，但是袁绍不听。等到曹操得胜班师之后，袁绍却要与曹操决战，田丰认为战机已失，并指出此时开战危险的，应以持久战为上策。袁绍根本不听田丰所言，反而认为田丰是在众人面前败坏自己的名声，竟然把田丰囚禁下狱。

后来，果如田丰所料，袁兵惨遭大败。在返兵途中，袁绍心想，自己不听田丰所言因此兵败，回去后，一定会被他所嘲笑。于是，心胸狭隘的袁绍便派人拿着他的剑，提前到冀州狱中杀死田丰。

功与过，代表着一个人的得与失，许多人面对容易显山露水的事，争先恐后抢着去做，甚至把他人的成绩也说成是自己的，而对于难度大或者不容易显功的事情，则尽量推给旁人。工作中若是不慎出了问题，就立刻推卸责任，这样的小人之举，无疑是遭人唾弃的。

有人说：舍得，舍得，有舍才有得，只有懂得舍得的人才有资格获得成功。任何一项事业的成功都不可能是一个人努力的结果，团队的力量才是最重要的，一个人再有能力，离开了团队也成就不了大事。我们也必须意识到这一点，一时的荣誉得失不足为道，凝聚人心成就大事才是关键。

爱欲其生，恶欲其死

子张问崇德、辨惑。子曰：『主忠信，徙义，崇德也。爱之欲其生，恶之欲其死；既欲其生，又欲其死，是惑也。诚不以富，亦只以异。』

——《论语·颜渊》

子张问孔子怎样提高道德修养水平和辨别是非迷惑的能力。孔子说：“以忠信为主，使自己的思想合于义，这就是提高道德修养水平了。爱一个人，就希望他活下去，厌恶起来就恨不得他立刻死去，既要他活，又要他死，这就是迷惑。正如《诗经·小雅·我行其野》所说的：‘即使不是嫌贫爱富，也是喜新厌旧。’”

万历皇帝十岁登基，在一系列的宫廷斗争后，掌印太监孟冲被司礼监太监冯保取代，首辅高拱被张居正取代。由此在万历皇帝的身边形成了三个核心的权力集团，那就是太后李氏、掌印太监冯保和首辅大臣张居正。

万历皇帝年幼，对权力没有什么概念，更何况在太后李氏的严厉教导之下，万历也没有太多的自由，整个朝政基本上都把持在张居正的手中，张居正由此得以推行“万历新政”在太后李氏的信任和支持下，在掌印太监冯保的帮助下，张居正的仕途生涯风生水起。而万历皇帝对张居正也是非常尊敬的。万历皇帝年幼，不通政事，张居正掌理朝政正好让万历有时间玩耍。张居正对万历皇帝忠心耿耿，万历也是看在眼里，因此他一直对张居正非常感激，一直称他为元辅。有一次张居正腹痛，万历皇帝还亲自给他做了一碗面。

这种和谐的君臣关系一直维持了十年，这是张居正最风光的时间。然而，随着万历皇帝的逐渐长大，他逐渐对权力有了渴望，在三人的压制之下，万历皇帝根本就没有掌权的机会，太后李氏甚至对万历皇帝说过，三十岁之前不能掌理朝政。长期受到压抑的万历皇帝开始对权臣张居正产生了怨恨。但是在三人的制约下，万历皇帝只能是隐忍不发，这种怨恨在压抑之下变得更加强烈。

张居正死后两年，彻底将朝政揽过来的万历皇帝开始对张居正进行清算。由于张居正在改革的时候得罪了很多亲贵，因此，弹劾张居正的折子很多，万历皇帝以此为由头，对死后的张居正进行了清算。万历皇帝在都察院参劾张居正的奏疏中批示道：“张居正诬蔑亲藩，侵夺王坟府第，箝制言官，蔽塞朕聪……专权乱政，罔上负恩，谋国不忠本当断棺戮尸，念效劳有年，姑免尽法追论。”张居正家被抄，他的长子自杀于狱中。

权力是推动这两种极端的感情更加极端化的东西，因而在领导者的身上，这两种感情演绎得更加可怕。历朝历代多少权倾一时的大臣，最终都难免悲惨的下场。张居正还算是好的，最起码万历皇帝是等他死后才开始清算。

雍正年间的年羹尧，驰骋疆场，配合各军平定西藏乱事，率清军平息青海罗卜藏丹津，立下赫赫战功。官至四川总督、川陕总督、抚远大将军，还被加封太保、一等公，高官显爵集于一身。在雍正朝前期，雍正皇帝对他宠信有加。可是一朝失宠，便是削官夺爵，家产全部抄没，还被赐自尽。最后雍正皇帝赐死他还仍嫌不够，硬是给他罗列九十二条大罪。让他遗臭万年。

“爱之欲其生，恶之欲其死”这是大家都容易犯的一个错误，因为人是一种容易被情绪所左右的动物，当这种情绪超过一定的限度，掩盖住人的理性时，我们就无法客观地看待问题，也不愿意深入地了解事态发展的实质，并做出客观的判断和积极措施。

这种心理存在于很多关系中，朋友之间、合作伙伴、甚至家人和婚恋关系中。比如在职场关系中，有些领导者喜欢一个下属的时候，不但对他言听计从，宠爱有加，下属做的所有事情都可以包容，甚至连他工作中的不足都可以熟视无睹，性格的缺点，在他眼里都变成了优点，旁人善意的劝告也从来都听不进去。

然而一旦因为某些缘故导致宠信不再，那这种情绪就会转入另一个极端，对下属的喜爱不是慢慢变淡，而是转变成了更加浓烈的厌恶。下属往日的种种作为都会成为他发作的导火线，甚至连优点也会变成了缺点。勤恳工作会被看成自我表现，善意的提醒也会变成是别有用心。于是恨不能立即叫他滚蛋，让他从此没有生存立足之地，甚至势必赶尽杀绝欲置之死地而后快。

其实，对于一个人该用还是不该用，不能取决于领导者个人的好恶，必须秉着客观的原则进行考察。是人才，无论自己怎样厌恶，该用的还是要用；不是人才，无论自己多喜欢，都要舍弃。因此，身为领导者必须避免这种情绪化的行为，否则就不能成为一个合格的领导者。

第六章

律己

满招损谦受益

国学之智

明·蓝瑛　仿黄鹤山樵山水图

谦则受益，跟先贤学低调做人

子曰：『如有周公之才之美，使骄且吝，其余不足观也已。』

——《论语·泰伯》

孔子说：“一个人即使他有周公那样美好的才能，如果骄傲自大而又吝啬小气，那其他方面也就不值得一看了。”

南怀瑾先生曾说：“我们中国人的修养，力戒骄傲，一点不敢骄傲。而且骄傲两个字是分开用的：没有内容而自以为了不起是骄，有内容而看不起人为傲，后来连起来用以骄傲。而中国文化的修养，不管有多大学问、多大权威，一骄傲就失败。”

《尚书·大禹谟》中有云：“满招损，谦受益！”这句话的大概意思是：自己满足已取得的成绩，将会招来损失和灾害；谦逊并时时感到了自己的不足，就能因此而得益。这和毛主席所说的“谦虚使人进步，骄傲使人落后”是一个道理。

为什么会是这样呢？后面“器虚则受，实则不受”一句就是解释，一个容器只有里面是空的，才能装下新的东西，满了自然是装不下的。一个人也是，只有谦虚，不断地接受新思想新知识，才能不断进步，骄傲自满只能停步不前。

大鹏翱翔于九霄之上仍然奋翅，而蟾蛙坐于井底望着头顶上的一方天空却沾沾自喜。

千百年来，许许多多的人因为明白了“满招损，谦受益”的深刻含义并身体力行而逢凶化吉，成就大业。也有为数不少的人因为没有理解和践行“满招损，谦受益”而功败垂成、功亏一篑。

马谡乃是三国时期蜀国重将，深受诸葛亮喜爱，公元228年，诸葛亮率军十万北伐曹魏，命马谡镇守街亭。再三嘱咐：“街亭虽小，关系重大。它是通往汉中的咽喉。如果失掉街亭，我军必败。”并具体指示让他靠山近水安营扎寨，谨慎小心。

马谡到达街亭后，不按诸葛亮的指令依山傍水部署兵力，带着大军部署在远离水源的街亭山上。当时，副将王平提出：“街亭一无水源，二无粮道，若魏军围困街亭，切断水源，断绝粮道，蜀军则不战自溃。请主将遵令履法，依山傍水，巧布精兵。”

马谡不但不听劝阻，反而自信地说：“马谡通晓兵法，世人皆知，连丞相有时都请教于我，而你王平手不能书，知何兵法？”接着又洋洋自得地说：“居高临下，势如破竹，置死地而后生，这是兵家常识，我将大军布于山上，使之绝无反顾，这正是致胜之秘诀。”

王平再次谏阻：“如此布兵危险。”马谡见王平不服，便火冒三丈说：“丞相委任我为主将，大军指挥我负全责。如若兵败，我甘愿革职斩首，绝不怨怒于你。”

结果，魏将张郃探得蜀军虚实后，立即挥兵切断水源，掐断粮道，将马谡部围困于山上，然后纵火烧山。蜀军饥渴难忍，军心涣散，不战自乱。张郃命令乘势进攻，蜀军一时间大败。

一个人骄傲自满，就会妄自尊大，自以为是，听不进别人的逆耳忠言，看不到自己的缺点和不足。于是缺点就会越来越严重，自己的优势也在一点一滴地损失殆尽，最终在残酷的竞争中沦为失败者。就像马谡那样，不但使得蜀军大败，失去了街亭这个战略要地，也赔上了自己性命，最终让蜀汉北伐大业尽化乌有。

相反，一个谦逊虚心的人，就能够听取别人的不同意见，集思广益，懂得天外有天，山外有山，能看到别人的长处，发现自己的不足，从而取长补短，不断丰富和充实自己，最终迈向成功。

孙叔敖做了楚国的宰相，一国的官吏和百姓都来祝贺，但唯有一老者，穿着粗布衣，戴着白色帽子，来到孙府。他不是来祝贺，而是来吊丧的。

孙叔敖并没有怪罪他，反而正衣帽非常礼貌地出去见他，他对老人说："楚王不了解我没有才能，让我担任宰相这样的高官，人们都来祝贺，只有您来吊丧，莫不是有什么话要指教吧？"

老人说："是有话说。当了大官，对人骄傲，百姓就要离开他；职位高，又大权独揽，国君就会厌恶他；俸禄优厚，却不满足，祸患就可能加到他身上。"

孙叔敖向老人拜了两拜，说："我诚恳地接受您的指教，还想听听您其余的意见。"

老人说："地位越高，态度越谦虚；官职越大，处事越小心谨慎；俸禄已很丰厚，就不应索取分外财物。您严格地遵守这三条，就能够把楚国治理好。"

孙叔敖听完老人的话之后，躬身拜谢！

孙叔敖因为谦恭待人，无意之中获得了三条宝贵意见。唐朝名相魏征曾说:“自满者，人损之；自谦者，人益之。”骄傲自大的人，自然就会遭人嫉恨，所以别人会贬低他，损害他；谦虚的人，处处与人为善，与人相处让人如沐春风，因此别人都会称赞他。

谦虚不仅是一种为人处世的态度，也是品德修养的重要体现。因为只有谦虚的人才能不傲气、少自负，尤其在成绩面前，不骄不躁。

藏锋敛锐，即使居功也不自傲

子曰：『孟之反不伐，奔而殿，将入门。』策其马曰：『非敢后也，马不进也！』

——《论语·雍也》

据《左传》哀公十一年记载，鲁国与齐国作战，鲁军大败，作为统帅之一的孟之反留在后面掩护大军撤退。当大家都安全撤回而迎接他时，他却故意鞭打着马说："不是我敢于殿后，而是我的马跑不快呀！"

由于当时孔子的学生冉有也参加了这次战斗，所以孔子很快也知道了这件事情，他非常推崇孟之反这种居功不自傲的行为，于是便说了这句话。

其实，孟之反不居功自傲的原因不仅是因为谦虚，还因为他不愿意因此引起其他将领和同僚的嫉妒。

《论语》所以要把这一段编入，乃是借孟之反的不居功，反映出春秋时代人事纷争之乱的可怕。实际上，人事纷争在任何时代都是一样的。

三国时期的李康在《运命论》有言："木秀于林，风必摧之；堆出于岸，流必湍之；行高于人，众必非之。前鉴不远，覆车继轨。"墨子也曾说过：有五把锥子，其中的一把锋利，锋利的一定最先折断。有五把刀子，其中的一把磨得快的一定先损坏。爱表现自己而不知收敛的人，总是最先失败的。

孔子一心想向老子请教学问，于是便来到洛阳拜访老子。老子将孔子引进自己家中。入座后，孔子便道明了来意，老子则点头微笑。

正当孔子准备洗耳恭听之时，不想老子却突然张开了嘴巴，问道："你看看我这牙齿如何？"

孔子莫名其妙地看着老子那满嘴七零八落的牙齿，不知其意，只好如实说道："您的牙齿已经快掉光了！"

随后，老子又伸出舌头问道："那你再看看我这舌头？"

孔子仔细地看了看老子的舌头，答道："舌头还在您的嘴里，完好无损！"

老子说完便微微一笑，不再言语。

孔子看着老子的笑容，忽然一下灵光闪现，拜服道："先生学识渊博，果然名不虚传！"

牙齿虽然坚硬，但它老是与各种食物咬来碰去，还自己跟自己咬来碰去，久而久之，难免残缺不全。可是，舌头不同，虽然它柔软，常常在牙齿同食物的磕碰中被挤过来挤过去的，但却能以柔克刚，得以完好保存；所以最终食物碎了，牙齿掉了，而舌头却能完好无损地伴随人的生命直到终点。

三国时期，曹魏主簿杨修虽才华横溢，但却不知收敛，处处都爱表现自己，常常点明曹操心意，搞得曹操很是下不来台，曹操"虽嬉笑，心甚恶之"，最后终于找了个借口，将他处死了。

老子有言："揣而锐之，不可常保。金玉满堂，莫之能守。富贵而骄，自遗其咎。"意思是一件器物太锋利了，就不能长久的保持它的锐气，金银财宝太多了，就不能够守得住，因为富贵而变得骄纵，那就会招来祸患。"

一个聪明的人不仅要知道什么时候该彰显自己，更要明白什么时候该收敛。有时，收敛可能还会比彰显更重要。

《孔子家语·三恕第九》有云：聪明睿智，守之以愚；功被天下，守之以让；勇力振世，守之以怯；富有四海，守之以谦；此所谓损之又损之道也。

一日，孔子带领弟子到鲁桓公祠瞻仰时，见到倾斜的器皿。孔子向守庙人问道："这是什么器皿？"守庙者答道："这是专放在座右的器具。"孔子说道："我听说这种座右的器皿，空着时就倾斜，盛水适中就端正，盛满了水便整个倒翻过来。"

孔子回头对学生们说："往里灌水！"学生们舀水灌了进去。果然水适中时便端正地立起，全盛满时，它便整个倒翻过来；水流尽时，它又像开始那样倾斜着。孔子看了，叹息说道："唉！一切事物哪有满而不覆的道理呢？"

子路疑惑，进一步向夫子问道："要保持满而不覆的状态，有什么办法吗？"孔子借题发挥，告诫他的学生说："只有做到智高不显锋芒，居功而不自傲，勇武而保持以小心，富有而不夸显，谦虚谨慎，戒骄戒躁，才能保持长久而不致衰败。这是所说的谦抑再加谦抑的方法啊！"

谦逊也好，不居功以免妒忌也好，都是立身处世的艺术。尤其是在人际关系复杂的环境下，不锋芒毕露，不居功自傲的确是非常高深的修养。

老子曰："企者不立，跨者不行；自见者不明，自是者不彰，自伐者无功，自矜者不长。其在道也，日余食赘形。物或恶之，故有道者不处。"

意思是:“踮起脚跟想要站得高，反而站不稳；长时间迈开大步想要走得快，反而不能远行。想要自我表现的，反而难得露脸；自以为是的，反而不能显扬自己。自我夸耀的，反而功名难就；自我矜持的，反而难得长久。”

满则招损，祸患往往在谦卑时消失

古之善为士者，微妙玄通，深不可识。夫！唯不可识，故强为之容。

——《道德经》

古时候善于行道的人，微妙通达，深刻玄远，不是一般人可以理解的。正因为很难了解它，所以只能勉强地来形容它。

人的一生必须把握好动与静才能走得平稳。动是每个人都会做到的，关键是静，很多人不能静，因为他们总是要求得太多，这就产生了急功近利的心态，容易招来祸患。因此，人们应该修习静的本事，静就是平静心灵，就像老子所说的一样，只有静下来，人们才能时时谦卑，事事小心，才能慢慢地发展，达到得道的地步。

祸患有时候不是来源于敌人，而是源于自己，而且是很难防范的。想要避免这种祸患发生在自己的身上，就必须学会谦卑，无论是对什么人，都要始终以平等的姿态对待他人，尤其是对于身在高位的人来说，更应如此。高位本就是人人都羡慕的，若是身在高位的人不能谦虚有礼，那么觊觎高位的人在受到贬斥的时候，就会铤而走险，以非常手段除掉身在高位的人。

蓝玉是明朝的开国功臣，为明太祖朱元璋建国立下赫赫功勋，然而，蓝玉自恃有功，逐渐骄横起来。

早在征云南元梁王胜利后，他就派人到云南私自贩盐，牟取暴利。在捕鱼儿海战役中打败元帝脱古思帖木儿后，蓝玉不仅私占掠获的大量珍宝、驼马，还将元帝妃子据为己有，由此引来许多非议和事端。

太祖朱元璋得知后大怒，说:“蓝玉无礼如此，岂大将军所为哉！”于是，朱元璋原准备将其封为梁国公，但是为了惩罚，临时改封凉国公。从原本中原的富庶之地给支到了西北。

但蓝玉还不知收敛，班师至喜峰关，因已入夜，守关明军未及时纳入，蓝玉怒不可遏，竟然纵兵破关而入。蓝玉领兵在外，经常擅自升降将校，进止自专，诏令有所不从，甚至违诏出师。更严重的是，蓝玉蓄庄奴、假子数千人，横行霸道，胡作非为。御史上奏弹劾，他竟然将御史打了出去。

洪武二十六年，锦衣卫官员告蓝玉谋反，将要在太祖朱元璋出行时行刺，蓝玉因此被杀，夷三族，坐党论死者一万五千人，史称“蓝狱”。

谦卑并不是对人低声下气，也不是对人卑躬屈膝，而是对人尊重，这是为人处世的一种智慧。当对方感受到来自我们的尊重的时候，就会以同一个身在高位的人谦卑有礼能够赢得众人的拥护，同样普通人守住“谦”字则是保护自己的最好方式。

红柳谦卑，身贴大地，不似白杨般峻峭挺拔，锋芒毕露，狂风过后，白杨被连根拔除而红柳安然无恙。

晚清名臣曾国藩在攻下南京之后，声望一度达到极盛的地步，凡是曾国藩所奏请的事宜，朝廷无有不准。但是深谙为官之道的曾国藩也明白，越是这个时候，潜伏的祸患就越多。果不其然，针对曾国藩的流言蜚语越来越多，功高震主的帽子眼看就要盖到曾国藩的头上。

于是，首先将攻下南京的功劳归功到湘军其他将领身上，同时自请裁军，自己将军费的来源一一断掉，这就等于是向朝廷交出了军权；再后来，他又以弟弟曾国荃有病为由，奏请曾国荃回家养病。这样一来，曾国藩在朝中的势力几乎是一干二净，朝廷自然欢喜，也就没有穷追猛打。

祸患往往就是来源于狂妄。对上狂妄，会给自己招来猜忌；对下狂妄则会招来嫉恨。把自己的姿态放低些，低着头走路才能看清平坎，才能走得稳走得远。

春秋时期，吴王阖闾张狂攻越，结果大败重伤而亡。其子夫差立下誓言，不灭越国誓不休。他行军练兵，增言纳谏，甚至还派人朝夕立于庭门，每逢夫差出入，就向他发问:“夫差！你忘记越王的杀父之仇了吗？”以警其勿忘当年之耻。两年后，吴越再战，夫差败勾践于会稽，这正是谦卑的力量!

然而在胜利之后，夫差的谦卑又被他的自大所吞噬，于是，在勾践一面美言相赞，一面卧薪尝胆之中，胜负之数调转，最终吴国大败。

胜而不骄，觉得自己行了，距离失败近了

虽然，每至于族，吾见其难为，怵然为戒，视为止，行为迟。

——《庄子·养生主》

庖丁说："虽然我杀牛的技术很高，但是，当我到了一般杀牛匠那里，那个杀牛的人，看到牛一来，那个小心啊！把刀磨的很快，非常谨慎的准备，我看到他们那种情形，自己不免也警觉起来，把我所看见的作为自己在做事时的榜样。"

学问到了最高的境界，就是以最平凡、最底层的人做自己的老师，做自己的榜样。如果你技术、学问到了最高处，认为老子天下第一，你注定失败。没有天下第一，只有小心加小心，谨慎更谨慎。

在我们的日常生活中，有太多的恃才傲物的人物，他们大多自以为能力很强，很了不起，因强而看不起人。由于骄傲，听不进他人的意见；由于自大，则做事专横跋扈，轻视有才能的人，看不到他人的长处，也看不见自己的短处。

陈毅元帅曾经写过一首诗：九牛一毫莫自夸，骄傲自满必翻车。历览古今多少事，成由谦逊败由奢。即使一个人很有能力，如果总是自视过高，也难以避免一世英名一朝丧的结局。从古至今，不知道有多少英雄豪杰，

因为骄傲自满而最后功败垂成。只有谦虚，在与人对敌的时候，才会保持高度警惕，小心谨慎从事，这样才不会因为一时的大意而导致失败。

三国时期，蜀国大将关羽北伐曹魏。东吴都督吕蒙想乘关羽领兵围攻樊城之机夺取荆州，但是关公在沿江设了许多的烽火台，如果遇有敌情，就会点燃烽火，关羽看见烽火，就回兵救援荆州。

吕蒙知道关羽不是个简单的人物，但同时也知道他是个很自傲的人，所以要想夺取荆州，最好的办法，就是要引起他的孤傲，让他小看自己，这样东吴才能有机可乘。于是，吕蒙便装病辞职。推荐没有名气的年轻将领陆逊当都督。陆逊上任之后，就给关公写了封信，信中用华丽的辞藻歌颂了关羽的功绩和自己对关羽的敬仰之情，表现得非常谦卑。

关公果然因此而轻视了陆逊，讥笑孙权没见识，用个毛孩子当都督。因此，他将把守荆州的大部分兵马都调到了樊城前线与曹军大战。孙权当机立断，任命吕蒙为大都督，统兵三万偷袭荆州，活捉了烽火台的守军，带着这些俘虏长驱直入，来到荆州城下，让俘虏叫开城门，东吴兵将一拥而入，轻而易举地占领了荆州城。

关羽算得上是三国时期少有的一员骁将了，不仅忠义无双，而且一手青龙偃月刀，一手持春秋，当得上是文武双全，但就是这样一位能文能武的全才，却因为恃才傲物，自视甚高，过于轻敌，最后被吕蒙所败，不但丢掉了荆州，就连自己也做了东吴的俘虏。

曾国藩说：“傲为凶德，慢为衰气，二者皆败家之道。”骄傲自满是一座可怕的陷阱，而且，这个陷阱是我们自己亲手挖掘的。一个骄傲的人，结果总是在骄傲里毁灭了自己，如果你觉得自己很了不起了，那失败离你就不会很远了。

孔子读《易经》读到损卦和益卦时,忽然掩卷叹气,子夏赶快起身问道:“老师为何忽然叹气呢?”

孔子说:“肯自损的人反而会增加,想增加的人反而会自损,所以我想着就不禁叹起气来。”

子夏问:“我们认真修行学问道德,不就为的自我增加吗?”

孔子说:“我说的自我增加,并非指道德学问上的增加,而是道德学问越高,人越谦卑低下,这才是我所说的增加和减损的意思。真正有学问的人,是不断感觉到自己的无知和不足,虚心地面对一切,所以好的东西才能进入心中,学问道德也才能充满起来。天地间的道理也是一样,万事万物发展到了极点,就一定开始变动,没有能一直停留在满溢的状态。”

孔子接着说:“一个人若是自以为了不起,那就算是再有用的话也听不进去了。尧贵为天子,总是抱着恭敬谦虚的态度来治理天下,所以到现在都一千多年了还盛名不衰;相反,夏桀和昆吾自认为了不起,屠杀人民就像割草一样,最后整个天下都反叛了,不但自己身死国亡,而且到了近千年后的今天还恶名不去。从这里可以看出,礼法教人走路让长者先行,不争先恐后,遇到熟人要鞠躬致意,都是教人不要自满的意思。”

毛主席说:“学习的敌人是自己的满足,要认真学习一点东西,必须从不自满开始。对自己,‘学而不厌’,对人家,‘诲人不倦’,我们应取这种态度。”

人的心思是决定事情成败的关键因素,若是我们的心满了,则再也不能装下任何东西,也就失去了进取之心,那么我们就会躺在成功上,啃食成功的果实，当成功的果实被我们啃食殆尽的时候，也就是我们失败的时候。因此自满是要不得的，无论在什么时候，我们都不能给自己的成就打满分，给自己留下前进的余地，才能不断取得成功。

位高不傲，别瞧不起小人物

夫『大人』者，与天地合其德，与日月合其明，与四时合其序，与鬼神合其吉凶，先天而天弗违，后天而奉天时。天且弗违，而况于人乎？况于鬼神乎？

——《大学》

对于“非常人”来说，合乎天地的意志，有日月的光彩，符合四季的秩序，也顺应鬼神的吉凶。在天意之前行事，天意不逆反他；在天意之后行事，就顺应天理。天都不逆他，更何况人？何况鬼神？

《大学》历来被称为“大人之学”，是教人做大人物的，而这句话就是《大学》中对于大人物的观点。“人人皆为大人”，宋儒们向来都主张“人人可做尧舜”，而佛家则说“一切众生本来是佛”。如此说来“人人皆为大人”也是合情合理的。

当然，这只是说人人都有成为“大人”、“尧舜”、“佛”的潜质，要想达成目标，还需看各自修行。通过努力，今天的小人物，也许不知何时就会成为大人物，所以，不要小觑任何小人物。

明太祖朱元璋起事之前不过是凤阳一座无名小庙的穷和尚，汉高祖刘邦原先也不过是个小小的泗水亭长，可这二人却凭着自己的雄才伟略成就了不世功勋。

世界是不断变化的，没有一成不变的事情。“小人物”不会甘于永远充当“小角色”，或许有一天也会变成“大人物”。

有的时候，即便是小人物，也会给你带来很大的帮助。或许是当你消息闭塞时，一个你意想不到的朋友给你送来一则起死回生的消息，帮你力挽狂澜；或许是当你事业低迷时，会有人扶你一把，让你化险为夷。

中山国君有一次在都城里宴请所有的军士，给所有人都分了羊羹，但是唯独漏掉了一个名为司马子期的大夫。结果司马子期怀恨在心，一怒之下跑到楚国，劝说楚王攻打中山国。

中山国是小国，自然打不过楚国。战败后中山君被迫逃走，他发现，有两个士兵始终拿着戈跟在他后面，寸步不离地保护他。中山君回头问这两个人说："你们是干什么的？"

两人回答说："我们的父亲有一次快要饿死了，你把一碗饭给他吃，救活了他，我父亲临终时嘱咐我们：'中山君如果有难，你们一定要尽力报效他。'所以我们决心以死来保护你。"中山君听了这话，不禁仰天而叹。

中山君因为一个小人物而做了亡国之君，又因为一个小人物而保住了自己的性命，这是何等的讽刺啊！

战国四公子之一的孟尝君号称"门下食客三千"，手底下都是英豪广聚，人才济济。但当他被困秦国之时，一众豪杰却束手无策，最后还是靠着两个最不起眼的鸡鸣狗盗之辈的相助，才逃出了函谷关。

一个人在获得强大的力量之后，往往会忽视了小人物的作用，但是有的时候，小人物也可以扭转大局。

公元383年，已经一统北方的苻坚率90万大军南侵，打算消灭东晋以统一全国。苻坚跟随着前秦军的先锋部队到达了寿阳，和晋军隔淝水相望。他派出东晋的降将朱序劝说谢石和谢玄早日投降。没想到朱序是身在曹营心在汉，他一到晋营，不但没有劝降，反而献计建议趁前秦军还没集结完毕，速战速决，歼灭其先头部队。

晋军采纳了朱序的建议，主动向前秦军挑战。谢玄派人对苻坚说，前秦军应该后撤，以便晋军过河后能腾出一块决战的场地。后谢玄向苻坚请求秦军稍退，让晋军渡水决战，苻坚接受并打算在晋兵半渡时进击，然而，前秦军人多，在战前突然接到了后撤的命令，立即阵势大乱，这时朱序又在后方煽风点火，高喊:“秦军败了，秦军败了！”这样一来，前秦军将士们顿时心慌意乱，六神无主，后撤变成了逃命，全军大溃。

志在必得的苻坚败在了朱序的手中，他建立的强盛前秦帝国也因遭受重创而迅速土崩瓦解，北方又重新回到了四分五裂的局面之中，中国统一的良机，被朱序的一声叫喊大大地推迟了。

任何人都不能孤立的存于世上，任何事业的兴衰荣辱都与身边的小人物息息相关，真正聪明的人眼光长远，从不会忽视身边的小人物，也不会得罪小人物。

择善而从，其不善者而改之

子曰：『三人行，必有我师焉。择其善者而从之，其不善者而改之。』

——《论语·述而》

孔子说：“几个人一起同行，其中一定有人可以当我的老师。应当选择他们的优点去学习，对他们的缺点，要注意改正。”

南怀瑾先生说：“研究学问不光是在死的书本上下功夫，还要多多观察别人，别人对的要学习，不对的要反省。这句话听起来很平常，都懂得这个道理很对，应该这样做。可是照我们的经验，人都不肯这样做，包括我在内，人们多半有一种傲慢的心理。照孔子的态度，对比自己好的人要尊敬，向他看齐。可是发现一个比自己好的人时，由于这种傲慢心的作用，自己心里很难受。再过两秒钟，觉得自己还是比他好，于是越想自己越好，人类就天生有这种劣根性。所以孔子这几句话看起来很平淡，没有什么难处，仔细研究起来，若说在人群社会中，真发现了别人的长处，而自己能从内心、从根性里发出改善、学习的意念，是很不容易做到的。”

古人说过“马看不见自己的脸长，羊看不见自己的角弯”。意思也就是说有些人总是看不到自己的缺点，总是拿自己的长处比别人的短处，沉浸在自我构建的虚妄世界里自我陶醉而无法清醒。

曾子曰：吾日三省吾身。其实每个人都应该常常的审视自己，只有这样才能真正的认清自己，从而把握好前进的方向。正所谓“一叶障目，不见泰山”，很多人眼睛虽然没有被遮住，但心却被蒙蔽了，不懂省察自己，看不到自己的不足之处，也难以发现他人的优点与长处。永远将自己困在那一方小世界中，看不到外面的天地有多大。

傲慢是我们求知路上最大的障碍，因为傲慢我们看不见别人的长处，因为傲慢我们看不见自己的短处，因为傲慢我们不屑于向别人学习，所以，我们也就无法进步了。

孔子到东方游学，看见两个小孩子在争辩，于是问他们争辩的原因。

一个小孩子说：“我认为太阳刚刚升起的时候距离人近，然而正午的时候距离人远。”

另一个小孩子认为太阳刚刚升起的时候距离人远，然而正午的时候距离人近。

第一个小孩子说：“太阳刚刚升起的时候大得像车篷，等到正午的时候太阳就像一个盛放物体的器皿那么大，这不是远的东西看起来小而近的东西看起来大吗？”

另一个小孩子说：“太阳刚刚升起的时候阴凉，略带寒意，等到正午的时候就像把手伸到热水里一样热，这不是距离近的东西让人感觉热，而距离远的东西让人感觉凉吗？”

孔子听完后也不能决断谁对谁错。

两个小孩子笑着说：“谁说你见多识广呢？”

这个故事说明，孔子这样有着很多大学问的人，也会有不懂的问题。每一个人都有优点，当然也会存在不足之处，所以要善于向他人学习，来弥补自己的短处。

百花园中，花朵竞放，有的花儿香，有的花儿艳，但很难有十全十美的。“金无足赤，人无完人”所以我们要摆正心态，谦虚地向身边的人学习。

有一年，鲁国太庙举行祭祀始祖周公的大典，请孔子担任助祭。他进入太庙以后，对每一件事物、每一个细节，都不厌其详地虚心向人请教。正是由于他懂得刻苦学习，所以后来他精通“六艺”。当别人称颂他的学问的时候，孔子却总是谦逊地说：“我非生而知之者，好古，敏于求之者也。”

没有人天生就能知道所有的知识的，有些人之所以学问高深，之所以有智慧，就是因为善于学习的结果。

子曰：见贤思齐焉，见不贤而内自省也。

孔子说：“看见有德行或才干的人就要想着向他学习，看见没有德行或才干的人就要自己内心反省是否有和他一样的错误并加以改正。”

上古时，实行天下为公的禅让制度，直到大禹将帝位传给了自己的儿子启，这才确立了“家天下”的封建世袭制度。当时有很多的部落都因为反对这个制度，而起兵反叛。于是大禹就派他的儿子启去平乱，结果却大败而归。

当时，他的许多部下都不服气，要求继续进攻，但是启却说：“不必了，我的兵将比他们多，地也比他们大，结果却被打败了，这一定是我的德行不如他们，带兵的能力也不如他们的缘故。从今往后，我一定要努力的改正过来才是。”

从此以后，伯启每天很早便起床工作，粗茶淡饭，衣着朴素，广纳良才，任用有才干的人，尊敬有品德的人。

几年之后，启再次出兵，这一次，他的军队所向披靡，连战连捷，接连打败了好几个部落，剩下的部落一看，只好投降了。

能看到别人的优缺点，我们称之为“明”，能看清自己的长短处称为“智”，而两者兼备则可称之“明智”。每个人都有其闪光的一面，只要你善于学习，懂得取别人所长补己之短，努力追求上进，终有一天会成为一个有智慧的人。不管身处何地，也不管对方是什么身份，只要你主动去倾听别人的意见、观点和建议，就会发现，你总能从别人的意见里受到启发，也总能学到有利于你成长的经验。

人们生活的世界是五彩缤纷，丰富复杂的，作为万物之灵的人类，更是千姿百态，人人各异，决定人与人之间差别的一个重要因素在于如何在社会生活中学习。正是这种学习的能力，使得人类生机勃勃，不断前进。

第七章 慎言

谨言慎行，但求无过

国学之智

清·张宗苍　江南春日图

言多必失，多说无益

子曰：君子欲讷于言，而敏于行。

——《论语·里仁》

孔子说："君子的修养要尽力使自己做到话语谨慎，做事行动敏捷！"

解释这句话的意思就是："'讷'，是嘴巴好像笨笨的；利嘴除了教书、吹牛、唱歌以外，没什么用。真正的仁者，不大会说空话，做起事情，行为上却很敏捷。换句话说，先做后说，不要光吹而不做。"

我们在日常工作和生活中，总能遇到一些口才很好的人，他们在人前夸夸其谈，充分展现着自己的语言魅力；而有的人却始终沉默寡言，偶尔应和几句，在人前似乎被边缘化，类似隐形人。当然，我们说每个人都有属于自己的个性，性格开朗，外向的人一般属于前者；性格内向，严谨的人一般属于后者。对于大多数来说，都希望自己能够成为焦点。所以，若是让大家选择成为这两种人当中的一种的话，相信可能大多数的人会选择前者。

但是有句老话说得好，说出去的话泼出去的水，而覆水是难收的。所以，我们常常在自己的身边，就能听到有些人后悔自己在某个场合，对某些人说了一些不合适的话，从而造成无法挽回的后果，每每想起追悔莫及。

五代时期，宋太祖赵匡胤举兵伐唐，南唐后主李煜为保住自己的江山，派大臣徐铉去说服赵匡胤，劝他收兵。徐铉乃是江南名士，才高八斗，出了名的能言善辩。在出发前,对于是否能说服赵匡胤转变态度,他信心满满。见了赵匡胤之后，他从天文讲到地理，从攻伐有罪说到为忍之道，引经据典说了一大通，赵匡胤及其一干群臣都被他说得目瞪口呆。

眼见于此，他却心中不免得意，于是越说越起劲。终于因为一句话被赵匡胤抓到了把柄，他对赵匡胤说:“李煜对待你赵匡胤，就像儿子对待父亲,你怎么可以出兵讨伐他呢?”这句话让赵匡胤找到了机会,赵匡胤反问:“照你看来，父亲和儿子应当是一家人好呢？还是硬要分成两家才对呢?”一句话就问得徐铉哑口无言了。

说话也要掌握尺度，意思表达清楚就可以了，须要见好就收，说多了，不仅没有附加的作用，还有可能将前面所说的效果全部破坏掉。因为“攻其一点，不计其余”的事情，大家都会做的，尽管你前面说的都对，只要你后面的话有漏洞，人们就会将这个漏洞抓住，顺势推翻你前面的全部论据。

其实，语言的艺术并不等于是“口若悬河，滔滔不绝”。美国艺术家安迪·沃霍尔曾经跟他的朋友说过:“我学会闭上嘴巴后，获得了更大的威望和影响力！”

古人崇尚一种“大智若愚”的境界，有学问的人一般不乱讲话，只有那些胸无点墨又爱慕虚荣的人才喜欢信口开河，大发言论。“满桶水不响，半桶水叮当”说的就是这个道理。这也正如一个哲人所说的“宁可把嘴巴闭起来，使人怀疑你是浅薄，也不要一开口就让人证实你的浅薄。”

而孔子所说的“讷于言而敏于行”中的“讷”字，也并不是让你不说话，不去表达自己的观点，而是在提醒我们说话的时候要谨慎，每句话都要深思熟虑，这样才不会给自己招惹灾祸。

贺若弼是隋朝名将，其父贺若敦为南北朝北周时的大将，曾任金州刺史，在参加平定湘州之战中立有大功，自以为能受朝廷封赏，但没想到被人所诬，不赏反被降职，心中愤愤不平，当着使者的面大发怨言。

当时北周晋王宇文护与他有隙，早有除之而后快之心。这次听到使者回来一说，便抓着这个把柄迫其自杀。临死之前，贺若敦对儿子贺若弼说：“吾以舌死，汝不可不思。”说完拿锥子狠狠地刺破儿子的舌头，想以痛感让贺若弼记住他的临终遗言和血的教训。

转眼十几年过去，贺若弼成了隋朝的右领军大将军，在隋朝攻伐南陈时任行军总管。灭南陈后他和韩擒虎争功，自恃功高，特别是他认为不如自己的杨素都坐上尚书右仆射的高位，而他还是一个将军，不满之情溢于言表。

一些好事之人便把他说的气话告之杨坚，杨文帝把他招来质问：我用高颖，杨素为宰相，你在众人面前多次大发厥词，说他们什么也不能干，只会吃饭。言外之意是说我这个皇帝也是废物不成?

贺若弼只能伏地求宽恕，文帝于是把他消职为民，一年后复其爵位，但不再重用。可他却秉性不改，杨广篡位后，又因私下议论炀帝太奢侈。终被隋炀帝所杀。

贺若弼父子的悲剧让我们对“病从口入，祸从口出”这句俗语有了更深的体会。当说才说，不当说则不说，言多必定有失。

俗话说：沉默是金。不言而明，无声胜有声才是“说话”的最高境界，口若悬河，巧言辞令，兴到浓时更是唾沫横飞，那样不仅落了下乘，还失了风度。

话说三分，留点后路

子曰：『不得其人而言，谓之失言。』

——《论语·卫灵公》

孔子说：“没有遇到合适的人，你就畅所欲言的话，那就是和失言相差无几了。”

与人相交要真诚，可是很多时候真诚的人却往往受伤害。所以高明人的原则就是：真诚但不和盘托出，亲近但不过度亲密。

诚然，坦率真诚，知无不言，言无不尽，这都是人之美德，但是有时候，我们的坦诚有可能会被别有用心的人利用，给我们造成伤害。所以我们不得不谨慎小心，在不了解对方的前提下，不要轻易地亮出自己的底牌。尤其针对于初出茅庐的年轻人，更要轻拿轻放，低调作人，在一定程度上充溢着相对保守的一种味道，这样既可以保持一种神秘感，还不会让人感觉到你轻浮。

有一个人非常仰慕服子的名声，于是就通过另一位朋友引见，前往拜访服子。服子穿着宽袍大袖的衣服，庄重地接待了他。客人心想：“服子很有名望，学问渊博，应该和他以诚相见。”于是欣然地与服子坦陈了自己对一些事情的看法。不料，没多大的功夫，服子就显得不高兴。

负责介绍的那位朋友非常不解，于是就问服子："是不是我们有什么过失？请先生指教。"服子说：您的客人有三个过错。望着我笑是轻浮的表现；向我请教而不称呼我老师，是不合礼节的；初次交往而说心里话，是不合规矩的。"

明代文学家冯梦龙的《警世通言》中说：逢人只说三句话，未可全抛一片心。这是一种做人的智慧，话说三分留七分，不必对人和盘托出，而且说什么话，也得因人而异，以防祸从口出。

其实，对方如果不是可以尽言的人，你说三分话已经不少，对方若不是和你交情很深的人，你却畅所欲言，以图一时之快，对方会有何反应呢？你说的话，是属于你自己的事情，对方愿意听吗？彼此关系浅薄，你对他深谈，则显示你太轻浮。

如果话题是关于对方的，你不是他的密友，和他深谈，显得你太冒昧，如果你的话是涉及他人的，对方的立场你并不明白，对方的主张你不清楚，你的直言不讳，往往是容易得罪人，所以逢人只说三分话，不必说的则不说，这决不是他不诚实，更不是狡猾，而是做人的一种技巧。

《韩非子》中记载着一个故事，说宋国有一个富人，因下大雨，墙倒塌了。富人的儿子劝他说：如果不赶紧修补它，一定会有盗贼进来。邻居家的老人也对他这样说。可富人不听他们的话，有一天晚上，富人家果然丢失了很多钱财。结果，那个富人认为自己的儿子很聪明，却怀疑是邻居家的老人偷了他的财物。这也便是智子疑邻这个成语的由来。

韩非子写这则故事虽然是讽刺主人家"厚己薄彼"，但是从另一个角度也可以看出，有的时候，话说得太多，不但不能让对方感觉到你的善意，反而会让人家觉得你另有企图。

良药苦口利于病，忠言逆耳利于行。忠告的话往往会让人难以接受，有时还可能引起他人的误会，达不到自己预期的效果。遇到这种情况发生时，不妨话说三分，点到为止，这种似有似无的忠告或建议，往往比直来直去的效果要好得多。

有一个书生向一位高僧寻求处事方法，高僧为书生开了一副药方，告诉他如何待人接物，药方的内容是：热心肠一副、温柔二片、说理三分等等。

所谓说理三分，这既是一种说话的技巧，也是一种处世待人的态度，人无完人，谁没有点缺陷？双方只要做到心知肚明，你再巧妙地点上几句，别人自然清楚你的用意，而且还会感激你给他留面子，再多说什么，都只会是画蛇添足。

做人不能太露，太露了不可取。半含半露是一种大气、一种涵养，一种风度。言有尽而意无穷，有情尽在不言中，告诉别人你话中有话，这就是话说三分、点到为止的艺术，同时不失为一种大智慧。

明辨是非，谣言止于智者

子曰：『道听而涂说，德之弃也！』

——《论语·阳货》

孔子说："在道路上听到传言，没经过证实、思考就在路途中传播出去，这是有道德的人应该抛弃的作风。"

孔子说这句话，就是告诫我们，不管读书做学问，或者道德修养、做人处世，都要深入求证，不能胡乱相信传闻。对于一个人、一件事，千万不可道听途说，拿新闻采访工作来说，在路上听到的消息要留心，但千万不可随便下定论，更不可据以发表传播，一定要先把资料找齐，弄清楚事实的真相，否则道听途说，在德业上是要不得的。

关于谣言，自古以来就有"三人成虎"的说法。《韩非子·内储说上》记载：庞恭问魏王："今天有一个人说闹市有老虎，大王信还是不信？"魏王说："不信。"庞恭又问："第二个人也说闹市有虎您信不信？"魏王说："我还是不信。"庞恭再问："第三个人还说闹市有虎您信不信？"魏王说："我信了。"庞恭说："闹市明明没有虎，三个人都说有虎，闹市就有虎了。"这便是"三人成虎"这个成语的由来。

都说"身正不怕影子斜"，然而现实生活却不是这样的，再正直的人也经不起谣言的中伤。正所谓"众口铄金，积毁销骨"。谣言从一个人的口中传出来是谣言，当它大面积传播，所有的人都在说的时候，那就不能再算是谣言了。

流言蜚语的力量是可怕的，他能够摧毁一切建立在信任上的关系。再牢固的关系都会有缝隙存在，谣言是无孔不入的，当谣言满天飞的时候，就会将这个缝隙扩大，最终击破这个关系。“谣言三至，慈母不亲”，即使是母子兄弟之间，也经不起谣言的离间。

一般情况下，人们会选择相信大多数的人，因此，当谣言四起的时候，就很少有人能够把谣言依旧当成谣言。所谓“谣言止于智者”，只有那些聪明的人，才能发现谣言背后的真相，才能破解谣言，使谣言在自己这里戛然而止。

谣言之所以会成为谣言，会影响到人们的判断力，就是因为缺乏智者。当谣言传到一个人的耳朵里之后，这个人不会去判断这句话的真假，就直接将它传播出去。就这样，一传十，十传百。同时在传播的过程中，人们还会习惯性地加上自己的主观看法，等到谣言四起的时候，已经跟原来传播的那个版本不一样了，本来无中生有的一句话变得充实起来，变得有根有据，不由得人们不相信。

只有智者才不会将道听途说的东西不加考证就直接传播出去。智者会对自己听到的每一句话都进行了考证分析，得出自己的结论。

春秋时期，齐国有一个人名叫毛空，他总是喜欢听那些没有根据的传说，然后再转述给别人听。有一天毛空在路上遇到了艾子。毛空神秘兮兮地告诉艾子，说有个人家里的一只鸭子一次生了一百个蛋。

艾子不信，说：“不会有这样的事吧！”

毛空说：“那可能是两个鸭子。”

艾子摇摇头："这也不可能。"

毛空又改口说："那大概是三个鸭子生的。"艾子还是不信。

"那也可能是四个、八个、十个。"毛空就是不愿意减少已说出的鸭蛋的数目。

过了一会儿，毛空又对艾子说："上个月，天上掉下一块肉来，有三十丈长，十丈宽。"

艾子又不信，毛空急忙改口说："那么是二十丈长。"

见艾子还是不信，毛空说："那就算十丈吧！"

艾子实在是又好气又好笑，便反问道："下一百个蛋的鸭子？十丈宽的肉？这些都是你亲眼所见吗？刚才你说的鸭子是哪一家的？现在你说的大肉又掉在什么地方？"

毛空被问得答不出话来，只好支支吾吾地说："那都是在路上听人家说的。"

谣言的产生是不可避免的，我们无力阻止，但是我们可以选择做一个智者，把自己听到的每一句话都进行过滤，筛出那些不该传播的话。真正有修养的人是不会在背后论人长短的，是是非非总是难以辨清，我们既然没有亲身经历过，有什么资格乱加点评呢。无论我们听到的关于别人的议论是真是假，都应该在我们这里停住，让那些扰乱人心的言语就此打住，不要让其成为杀人的工具。

润物无声，智者知道该怎么规劝他人

子曰：『可与言而不与之言，失人。不可与言而与之言，失言。知者不失人，亦不失言。』

——《论语·卫灵公》

为人处世的道理很难，一个人可以和他讲直话，但自己怕得罪人，不肯对他讲直话，这就对不起人，是不对的。是自己的朋友，如看到他发生错误，宁可下一个警告，乃至他现在因此对自己不谅解都可以，自己还当他是朋友，他可以怨恨我，等到他失败了，会想到自己的话是对的，那就对得起人。

所以在可以讲话的情形下，而不和他讲话，是对不起人，不应该的。有时候有些人，无法和他讲直话，如果对他讲直话，不但浪费，而且得罪人。所以一个真正有智慧的人，应说的时候直说。既不失人，也不失言。

说话是一门艺术，说得好的话，就可以让你顺风顺水，相反的，要是不会说或是说得不好，那可能就会处处碰壁了。

古人常常说“对牛弹琴”，这“对牛弹琴”就是讽刺那些说话不分对象的人。琴就是弹得再好，但是对着一头老牛，又有什么用呢？说话也一样，不看人说话也没有任何作用，有时还会招来不必要的麻烦，甚至杀身之祸。

纣王无道，戕害百姓，弄得天怒人怨。他的哥哥微子劝他不听，只好离开；叔父箕子向他进谏，结果被他囚禁起来。

比干虽知纣王秉性，但是身为重臣，不可不为国家着想，于是对纣王苦苦相劝，纣王不听。他叹息说：“主上有过错不劝谏就是不忠，怕死不敢说真话就是不勇敢，即使劝谏不听被杀，也是尽到了忠臣的责任了。”于是下决心冒死强谏。纣王被比干骂得哑口无言，恼羞成怒，说：“我听说圣人的心有七窍，现在我要拿你的心来验看一下！”于是就命人剖开比干的胸膛，挖出心来观赏。

跟英明的君主打交道，难于求情，却可以“理”相争。但是跟一个昏聩的君王，若还是一味的据理力争，结果往往是适得其反。鬼谷子《权篇》中说的：“与智者言，依于博；与博者言，依于辨；与辨者言，依于要；与贵者言，依于势；与富者言，依于高；与贫者言，依于利；与贱者言，依于谦；与勇者言，依于敢；与愚者言，依于锐。”说的也就是这个道理。

我们总是在不同时间、不同地点、不同场合，面对着不同的人和不同的事件，若是要别人接受你的观点，就要时刻考虑别人的立场，开口说话不能只照着自己的思路走，要考虑对方对自己说的话是否有兴趣。

当然，说话的时机和方式也是很重要的，在一个对的时机，以一种合适的方式说出自己想说的话，可能会有意想不到的收获。

知名作家刘墉讲过这样一个故事：有一个班级组织了一次数学测验，但是由于这次的试卷太难，所以全班只有两位学生及格，晚上，两位同学各自带着自己的成绩单回家去了。结果第二天一早，其中一位学生背着新书包，神采飞扬的走进了学校。而另一位学生脸上则顶着五个手指印进了教室。

同学们非常不解，于是就问两人是怎么回事。原来挨打的那个学生一回家，他妈妈就问："今天考试考得怎么样？"他回答说："考了六十分。"结果话还没有说完，就挨了一巴掌。而得奖励的学生回家，他妈妈也问了同样的问题，但是他却说："今天考试好难哦，全班就两个人及格，我就是其中之一。"他妈妈一听非常高兴，于是就给他买了个新书包。

对于同一件事，一个人是直通通地说，结果挨了一巴掌；一个委婉曲折地说，结果却得了奖励。话说的方式不一样，所取得的效果也会有天壤之别。

说话看似很简单，上下嘴唇一碰，什么就都出来了，但是说话的效果如何就难以保证了。同样的一件事情，采用不同的方式来说，在不同的时间来说，都会收到不同的效果。在我们的生活中，无论和什么人说话，都要审时度势，看清楚情况再说，选择什么样的时候说，怎么说都要琢磨清楚了，不能口无遮拦。

人与人之间的交流，必须掌握说话的技巧。选择合适的时机，找准正确的突破口，选择适当的表达方式，这样才可以达到事半功倍的效果。

不出恶言，否则害人害己

言者，风波也；行者，实丧也。夫风波易以动，实丧易以危。故忿设无由，巧言偏辞。

——《庄子·人间世》

言语犹如风吹的水波，传达言语定会有得有失。风吹波浪容易动荡，有了得失容易出现危难。所以愤怒发作没有别的什么缘由，就是因为言辞虚浮而又片面失当。

风一来，平静的水面就起波浪，所以叫“风波”，这是讲动态。一句话说出来，说不对了，人与人之间就挑出问题来。一言可以兴邦，一言可以丧邦。有时候世界的战争就是因为一句话，或者做领袖的讲一声，打呀！大战就打起来了。

世上的矛盾、冲突大多都是由于言语不合而引起的。有时候无意间的一句话就会伤害到别人，别人难以出气，就会想办法报复你，就这样你来我往，小小的一句话就会演变成一场大祸事，大唐开国功臣刘文静就是因为一句不恰当的话而死的。

刘文静是大唐的功臣，为大唐的创建立下显赫功勋，当初正是他劝李渊起兵反隋，这才有了后面的盛世唐朝。李渊有一位很宠信的大臣名叫裴寂，而这个裴寂当初正是由刘文静介绍给李渊的。

裴寂能力一般，但是却很能讨李渊的喜欢，在李渊建国后，将裴寂封为右丞相，每次上朝时，必令他同登御座。退朝之后，又相携入宫，对他的话言听计从，赏赐无度。而功勋卓著的刘文静只封了个尚书。这让刘文静深感不公。于是刘文静与裴寂之间的矛盾产生了。一次在家人集宴时，刘文静以刀击柱，发誓道："我一定要杀掉裴寂！"

这话被一个失宠的小妾上报给了朝廷。李渊立马就派人捉了刘文静，在受审的时候，刘文静承认了自己对于裴寂身居高位的不满。李渊据此要定刘文静谋反之罪，但是这遭到了许多朝廷重臣的反对。李渊一时也难以决断。

这时候裴寂乘机进谗说："刘文静的才智谋略的确是当代之冠，无奈他已经有了反心，如今天下还不太平，若是赦免了他，必有后患。"这话正好击中了李渊的心病，就这样，刘文静被杀掉了。

祸患很多时候就是自己在无意中的言语造成的。不经意间的一句话就像是一把双面刃，在伤害别人的同时，也会伤了自己。"喜时之言多失信，怒时之言多失礼"无论怎样，话不能随便出口，一定要多思多想，不要让自己的一句话成为一颗定时炸弹，随时炸得自己粉身碎骨。

有个人请客，大部分的客人都到了，但是还差着几个，主人等得焦急，忍不住说："唉，该来的怎么还没来。"声音很小，但有个人耳朵尖，心中很生气，他想："我难道是不该来的？"于是告辞走了。

主人一着急大声说："不该走的走了"另外一个客人说："难道我是赖着不走的？"脚一跺，站起来也走了。主人哭笑不得，对剩下的客人说："他们都误会了，其实我没让他们走。"剩下的人一听，好嘛！你没让他走，你的意思是让我们走喽！主人的话还没说完，剩下的客人全部扭头走了。

主人家请客原本是好意，但是因为不会说话，把客人都得罪光了，不但没有得到别人的感激，反倒是惹了一堆的怨恨。

古人云:“人一口，则为合。”也许当年造字的老祖宗早就暗示我们，人生一世，少开尊口方是“合”理。

三思后行，说话之前究竟要思考几次

季文子三思而后行。子闻之曰："再，斯可矣！"
——《论语·公治长》

这句话现在一般的解释都认为：季文子为人很谨慎，做事三思而后行，孔子知道了之后就说："三思怎么够呢？要再考虑一次就可以了！"

其实，孔子认为他想得太多。作人做事诚然要小心，但"三思而后行"，的确考虑太多了。学过逻辑就知道，学过《易经》的道理更懂得。世界上任何事情，是非、利害、善恶都是"相对"的，没有"绝对"的。但是要三思就讨厌了，相对总是矛盾的，三思就是矛盾的统一，统一了以后又是矛盾，如此永远搞不完了，也下不了结论的。

所以想做一件事情的时候，考虑一下，再考虑一下，就可以了。如果第三次再考虑一下，很可能就犹豫不决，再也不会去做了。所以谨慎固然重要，过分谨慎就变成了小器。因此孔子主张，何必三思而后行，再思就可以了。

人生是一个单向通道，走过去了，就不可能回头重新来过，因此，无论做什么事情，我们都必须谨慎。古人说，小事小节为"祸媒"，修身则讲究“君子慎微”。《后汉书》中也说：“轻者重之端，小者大之源，故堤溃蚁孔，气泄针芒。是以明者慎微，智者识几？”虽然“小心驶得万年船”是永恒不变的真理，小心谨慎也要有个限度，不能因为小心而变得瞻前顾后、踌躇不前。

诚然，谨慎是成事的基础。但事到临头，却也不能想的太多了，古人常说：“秀才造反，三年不成”。这是为什么呢？就是因为“秀才们”想得太多了，总想着，要么不做，要做就要做得滴水不漏、完美无缺。其实这个世界上哪来的那么多完美无缺。一人一事、一草一木总是会有缺憾的。想要做到完美无缺，最后算计来算计去，可能就是什么事都没有做成。其实，有的时候，少一分算计，多一份破釜沉舟的决断，才是成功的关键。

公元 73 年，大将军窦固出兵打匈奴，班超在他手下担任了代理司马，立了战功。窦固为了抵抗匈奴，想采用汉武帝的办法，派人联络西域各国，共同对付匈奴。他很赏识班超的才干，就派班超担任使者到西域去。

班超带着三十六个随从人员先到了鄯善国。鄯善王见大汉的使者到来，非常殷勤地招待了他们。然而，过了几天之后，班超发现鄯善王对待他们忽然冷淡起来。班超起了疑心，鄯善国是个西域小国，平时总是摇摆于大唐与匈奴之间。他跟随从的人员说：“你们看得出来吗？鄯善王对待咱们跟前几天不一样，我猜想一定是匈奴的使者到了这儿。”

后来他从一个侍者口中探听到了确切的消息，匈奴的使者已经来了三天了，就住在离他们这儿不到三十里的地方。班超知道，匈奴人一定还不知道他们在这里，否则一定会逼迫鄯善王杀死他们，而鄯善国显然还在两个强国之间摇摆不定。

班超立刻召集三十六个随从人员，对他们说：“大家跟我一起来到西域，无非是想立功报国。要是鄯善人把我们抓起来送给匈奴人，我们的尸骨也不能回乡了。为今之计，只有绝了鄯善国的退路才行，只要杀了匈奴的使者，事情就好办了。”

到了半夜里，班超率领着三十六个壮士偷袭匈奴的帐篷。杀了匈奴使者和三十多个随从。等天亮后，鄯善王看到匈奴的使者已被班超杀了，知道自己与匈奴之间已经没有转圜的余地，无奈之下，只好对班超表示，愿意服从汉朝的命令。

人生没有太多的时间供我们想清楚一切问题，脑子里有太多的“如果”“怎么办”只会耽误事情的进行。我们要知道，想要成就一件事情，时机是非常重要的，若是我们把时间都花费在思考推算细节上，一旦错过时机，就再也没有实行的可能了。班超若是也像秀才一般，考虑考虑再考虑，只怕已经被鄯善王砍了向匈奴表忠了。那时既丧了自己的性命，也辜负了朝廷的嘱托。

通往成功的道路上总是荆棘密布、风浪重重的，没有谁可以将所有的风波曲折都考虑进去，若是一个人妄想计算清楚所有的得失厉害，然后再前行的话，那恐怕他这辈子就只能止步不前了。有些困难，总是要近到眼前才能发现，因为有未知的危险而裹足不前，这实在是不为智者所取。

清·张宗苍　江南春日图

第八章

自立

不期望他人，自助者天助

国学之智

高瞻远瞩，起步要平凡，目标要高远

子曰：『易其至矣乎？夫易，圣人所以崇德而广业也。知崇礼卑，崇效天，卑法地。天地设位，而易行乎其中矣。成性存存，道义之门。』

——《易传·系辞传》

孔子说："《易经》的学问，是世界上一切学问的顶点，圣人用它来提高自己的德性，扩大自己的业绩。目标认识要高瞻远瞩，行动要踏实，从平凡处起步。认知高远的应效法天，行为执礼卑顺的应效法地。天地将高低的卦位列出，而易的阴阳变化之道就流行在天地之间了。"

目标要高远，但是开始的时候却要踏实，从最平凡处起步。能如此你的人生一定会有成就的。仅有高远的理想，不晓得从最平凡、最踏实的第一步开始，便永远停留在幻想中、梦想中，不会有任何成就的。

有一句话叫做"世上没有懒惰的人，只有缺乏目标的人"。目标是什么？目标是方向，是指引人快步前行的照路明灯，有了目标，人生才有前进的方向。它能激发出人最大的斗志和激情，是支撑人快乐奋斗的坚强意志。

每一个人都要制定自己人生的目标，而且这个目标一定要高远，高远到让你感觉已经突破自己的极限了，这才算是一个合格的人生目标。

因为中国有句古语："望乎其中，得乎其下；望乎其上，得乎其中。"

就是说，做一件事，如果你期望达到中等水平，结果只可能拿个下等。但是如果把目标定位在上等水平，就有可能取得中等水平。那为什么不把目标定得更高远呢？如果你能把目标定的高远一些，即使全力以赴到最后仍然实现不了，但你最终所能实现的目标或者最终所能到达的高度却很可能是其他人望尘莫及的。

一个老翁在河边钓鱼，老翁的技术很好，一会儿就钓上来一条。但令人奇怪的是，每次钓到大鱼，老翁就会把它们放回到水中，只有小鱼才放到鱼篓里。

在旁边观看他垂钓良久的一个人见了非常不解，于是就问他道："你为什么要放走大鱼，而只留下小鱼呢？"

老翁叹了口气回答道："我也是没有办法呀，我家里只有一个小锅，只能放得下小鱼，所以只好放掉大鱼。"

在我们制定目标的时候，若总是想着"哎呀！我只有这么点儿能力，又怎么可能实现高远的目标呢？我还是把目标定得低点儿吧。"那恐怕这辈子只能是碌碌无为了。

当然，要想成功，光有远大的目标是不够的，还要脚踏实地才可以！

俗语说："眼望高山脚踏实地。"毫无疑问，每一个人都想飞黄腾达、光宗耀祖，都想衣锦还乡、扬名立万，都想拥有富贵荣华、金山银山。但我们要拥有这些，还得我们脚踏实地、一步一个脚印的走出来。

有人说：十个空想家，抵不上一个实干家。要想成功，还必须走完从说到做这段路。无数的事实证明，想要成为一个成功人士，就需要一步一个脚印，脚踏实地，从最基础的事情做起，为自己的发展打下坚实的基础，就像建造大楼一样，只有把基础打扎实了，发展才会迅速，大楼才会盖得既牢固又高大。

北宋史学家司马光曾编撰了我国最大的一部古代编年史——《资治通鉴》。他治学严谨、刻苦，为编撰《资治通鉴》，他每天天不亮就起床，一直工作到深夜。

他对书稿精益求精，六百多卷的初稿，到定稿时只剩下八十卷，而且全部用工楷字写成，没有写一个草字，剩下的废稿把两间屋子都堆放满了。全书上起战国，下至五代，共写了1360年的历史。他这种认真踏实的治学态度，受到人们的赞扬。

王安石变法之后，司马光定居洛阳，有一次，他的朋友邵雍来看他，司马光玩笑着向他问道："你看我是怎样一个人？"

邵雍笑而答道："你就是一个脚踏实地的人。"

司马光闻言大笑。

《道德经》第六十四章写道：合抱之木，生于毫末；九层之台，起于累土；千里之行，始于足下。伟大与高尚多半来自日常细行的积累和沉淀。很多大事业的成功都是从一点点小的事情做起的。

自我笃定，我命由我不由天

子曰：『不知命，无以为君子也。不知礼，无以立也。不知言，无以知人也。』

——《论语·尧曰》

孔子说："不懂得天命，就不能做君子；不知道礼仪，就不能立身处世；不善于分辨别人的话语，就不能真正了解他。"

由这句话我们知道，孔子是相信命的，但既然相信命运，为什么还要"知礼"、"知言"呢？静静等待命运安排不就可以了，"知命"又有何用？

细细想来，孔子这话大有深意，"知命"何用？"知命"非为"认命"，而是要"改命"。只有知道自己的命运，才能改变自己的命运。"改命"靠什么，就得靠我们的智慧，我们的努力，我们的"知礼"、"知言"了。

很多人喜欢去算命，也常常将'命运的安排、命中注定、我的命不好'等等的话语挂在嘴边，而不知道命运是自己造成的。'同台吃饭，各自修行'，改造命运只能自己改，别人帮不上忙。父母只能教你吃饭、走路的方法，但饭要自己吃，路要自己走。老是想不劳而获，等别人来解救你的思想要不得。

有一个人问智者："这个世界上到底有没有命运！"

智者说："当然有啊！"

那人又问：“既然一切都是命中注定的，那奋斗还有什么意义呢？”

智者没有正面回答那人的问题，而是笑着抓起他的手，先帮他算起命来。智者仔细察看了他的生命线、事业线、爱情线等，道出了他的不少人生经历，性格特点，身体状况，事业发展趋势，年轻人严肃而认真地听着，似乎智者的分析还真是八九不离十。

正当那人听得如痴如醉之际，却见智者突然收住话题，对他说道：“把你的手伸出来，照我的样子做一个动作。”说着他举起左手，且慢慢地握紧拳头，再问：“那些生命线现在哪里呢？”

那人愣愣地回答：“在我手里呀。”

智者紧追不舍：“请问，命运在哪里？”

年轻人恍然大悟，原来命运一直都在自己的手中。

古语有云：“命由己造，相由心生，福祸无门，惟人自召。”人生就是这样，命运是你自己创造和把握的。因而，古今中外许多成大业者，会用其一生的努力去争取把自己的命运掌握在自己的手中，面对苦难，他们不是悲天悯人去祈求上帝，而是积极进取，搏得云开见月明。

不同的人会有不同的成就，不同的人生终点。这不是由上天决定的，也不是由别人决定的。一个人若想改变自己的命运，首先要改变自己的心态。很多事情是先天注定的，也许你无法改变，但你有权选择决定如何去面对，努力向上，滴水足以穿石，命运也可以改变。

明朝有一位改善命运的高手，姓袁名黄，字坤仪，号了凡。他通过自己长期不断的努力，改变了自己短寿、无子、无功名的命运，成为后世尊崇的改善命运的圣哲。

袁黄乃是嘉兴魏塘镇人。有一次，他在慈云寺遇到一位姓孔的长须长者，相貌非凡，飘飘若仙，这位孔先生据说是宋代邵雍的门人，精于“皇及数”。于是袁黄便请他回家，先以家人的八字请他算，果然灵验如神，又以自己的八字请他详批终身。孔先生一点也不含糊，算定袁黄明年县考童生得第十四名，府考第七十一名，提学考第九名，又算定某年考取禀生，某年会当贡生，而且算定他不能登科第，只可做三年小官，五十三岁八月十四日丑时寿终正寝，且无子孙。

到了第二年，孔先生所算全部应验。因此，袁黄便深信人生祸福，都是命中注定的，丝毫不可勉强。从此不做任何妄想，一切任由命运安排。

一次在南京栖霞山中，他偶然遇到云谷禅师，两人在禅房对坐三天三夜，连眼睛都没有闭。云谷禅师问:“凡人所以不得作圣者，只为妄念相缠耳。你静坐三天，我不曾见你起一个妄念，这是什么缘故呢?”

袁黄说:“我已经被孔先生算定，荣辱生死，皆有定数，即要妄想，亦无可妄想。”

云谷禅师笑道:“我以为你是豪杰，原来只是凡夫。”

袁黄问何故?

禅师说:“命由我作，福自己求。”

袁黄恍然大悟，自此之后勤奋苦学，多行善事。终于考中进士，做了县令，半年后又得了一子，终寿七十有三。

蛹生于茧，困于缚，但它能筑茧为窠，破茧成蝶；莲生于淤泥，却能聚泥成栉成就了自己“冰清玉洁，馨香逸远”的品格。

一个人的命运是把握在自己的手中，美好的生活来自于自身的努力，自身的行动。有的时候，上天给你的东西也许并不多，但是只要坚持不懈的努力，就可以走出命运的困局，打造出属于自己的一片天。

经济学上有一个著名的希尔顿钢板价值说，大意是：一块普通的钢板价值 5 美元，如果把这块钢板制成马蹄掌，它就价值 10.5 美元；如果做成钢针，就价值 3550.8 美元；如果把它做成手表的指针，价值就可以攀升到 25 万美元。

对于多数人来说，人生的起点犹如一块普通的“钢板”，只值 5 美元。然而，只要经过一次又一次敲击、打磨就能成为马蹄铁，钢针，甚至是手表指针，从而将自己的人生价值提高千百倍。

自强不息，铸就成功之路

天行健，君子自强不息！

——《周易》

天的运动刚强劲健，相应的，君子处世，也应像天一样，自我力求进步，刚毅坚卓，发愤图强，永不停息。

做人要效法宇宙的精神，自强不息。一切靠自己的努力，要自强，依靠别人没有用，一切要自己不断努力，假使有一秒钟不求进步，就已经是落后了。

清代文学家蒲松龄有一副对子这样写道：有志者、事竟成，破釜沉舟，百二秦关终属楚；苦心人、天不负，卧薪尝胆，三千越甲可吞吴。

蒲松龄幼年有轶才，少年得意，十九岁科考得县、府、道第一。青年时期热衷举业，却屡屡失利，自嘲是“年年文战垂翅归，岁岁科场遭铩羽”。为了激励自己不断发愤读书和创作，于是就在压纸用的铜尺上刻上了这幅对联。

每个人在人生的道路上总是会遇到或大或小，或这样或那样的困境，有时它们会像沼泽地一样，让我们深陷其中，拔起来一只脚，另外一只脚又陷了进去。这种情况很容易让人们丧失斗志，自暴自弃。然而不要忘记，放弃就等于失败，一切只能重头开始。因此，我们必须要振作，必须要沉着冷静，坚持下去，带着坚强的意志力走出困境的“沼泽”。自强不息的精神在这个时候就会发挥重要的作用，它将给予我们坚持不懈的动力。

战国时期著名的军事家孙膑与庞涓师出一门，曾经一同在鬼谷子门下修习兵法。后魏王招贤，庞涓先一步下山，在魏国做大将军。孙膑下山之后就前去投靠他，但是庞涓嫉贤妒能，他自知才能比不上孙膑，生怕孙膑抢了自己的风头，于是就想办法陷害他。

因为孙膑是齐国人，所以庞涓就用奸计给他炮制了一个私通齐国的罪名。魏王果然上当，于是将孙膑的膝盖骨挖去，让他两腿不能行走，还在他的脸上刺了字。为了逃离魏国，孙膑不得不装疯卖傻，在猪圈里生活。就这样庞涓放松了警惕，孙膑终于在齐国的帮助下，离开了魏国，到齐国去。

在齐国，孙膑被拜为军师。经过多年的努力，齐国的实力大增，在围魏救赵的桂陵之战和后来的马陵之战中大败魏国。

挫折并不可怕，可怕的是我们失去了战胜挫折的勇气和决心。挫折能使人变得坚强，能锤炼一个人的意志，使人变得更加完美。

孔子在失意中写就了《春秋》，屈原在流放中赋出了《离骚》，曹雪芹则是在家破人亡的痛苦中完成了《红楼梦》。

挫折使顽强的人更加坚不可摧，又使软弱的人更加不堪一击。我们要做生活中的强者，在挫折面前就永远都不能退缩，要坦然面对，勇往直前。只有如此，我们的人生才能更充实，更有意义。

所谓自强不息就是在命运的坎坷面前不退缩、不畏却，无时无刻不在努力，克服身上的缺点，顽强地与命运抗争，不断地挑战自己的极限。

自古以来，自立自强就是中华民族的传统美德。它是流淌在中华民族文明血管中生生不息的血液，成了中华民族精神的精髓。

祖逖曾与幼时的好友刘琨一同担任司州主薄，他们两人感情深厚，不仅常常同床而卧，抵足而眠，而且还有胸怀大志，有着建功立业，复兴晋国的志向。

有一次，祖逖在睡梦中听到公鸡的鸣叫声，他立马叫醒刘琨，对他说："你有没有听到公鸡叫声？"刘琨说："半夜听见鸡叫不吉利。"祖逖说："我偏不这样想，咱们干脆以后听见鸡叫就起床练剑如何？"刘琨欣然同意。自此之后，两人每当听到鸡鸣之声就起床习武练剑，无论寒暑都不间断。

功夫不负有心人，经过多年的努力，他们终于成为能文能武的全才，既能治国安邦，也能带兵打仗。后来，祖逖被封为镇西将军，实现了他报效国家的愿望；刘琨做了征北中郎将，兼管并、冀、幽三州的军事，也充分发挥了他的文才武略。

没有人甘心平平庸庸地生活，即使是小草也在努力着为春天增添一丝绿色。但是成功的道路也不会是一片坦途的，它曲折婉转而又荆棘密布。所以一个人只有自强不息，才能面对困难时乐观向上，遭遇灾难时坚强勇敢。才能志存高远，为着远大的理想和目标执著追求，不达到目的不罢休。只有这样的人，才能够有机会触摸到成功背后的那一抹彩虹。

自省自察，善于补过

权，然后知轻重；度，然后知长短。物皆然，心为甚。

——《孟子·梁惠王上》

称完才知道轻重，量完才知道长短。世间万物都是这样，心更需要反复衡量，才能认识自己，改善自己。

人的心理行为，应该经常自我检讨，我们如果不及时反省，就会犯错误，而心理反省对道德修养的重要，就和秤与尺在权衡上所占的分量一样，所以，检讨了自己的行为，多加反省，就可知道自己是不是合乎道德的标准。如不反省，就无法知道自己的思想、心理，有哪些地方需要改过，有哪些地方需要发扬光大。

荀子《劝学》中有云："故木受绳则直，金就砺则利，君子博学而日参省乎己，则知明而行无过矣。"木材用墨线量过，再经辅具加工就能取直，刀剑等金属制品在磨刀石上磨过就能变得锋利，君子广泛地学习，而且每天对自己检查反省，那么他就会聪明机智，而行为就不会有过错了。

苏东坡少年时读了一些书，因为聪慧，常得到师长赞扬。他常常自鸣得意，还曾颇为自负地写了一幅对联："识遍天下字，读尽人间书。"他的父亲苏洵知道后，便在每句的前头添上了两个字，把对联改为了"发愤识遍天下字，立志读尽人间书"。苏轼见了非常惭愧，于是取过对联，将它挂在了自己的门前，以此反省和自勉。

人们之所以要经常反省，是因为每一个人都不是完美的，总会有个性上的缺陷、智慧上的不足，而年轻人更缺乏社会历练，常常会说错话、做错事、得罪人。

老子说：知人者智，自知者明，知己有的时候比知彼更可贵，也更困难。人不知己，其患无穷，知己与否，是成功的关键。

拉伯雷说过："人生在世，各自的肩膀上挂着一个褡裢，前面装的是别人过错和丑事，因为经常摆在自己的眼前，所以看得清清楚楚；背后装的是自己的过错和丑事；所以自己从来看不见，也不理会。"

一个人若是不懂得反省，对自己所做过的事情就不会深刻的认识。只有懂得反思才能改过迁善，才能从错误的道路上转回来。自古以来有大成就的人都是懂得反思的人。春秋战国时期，齐国的宰相管仲是一个很善于反省的人。

齐桓公出外打猎，因追赶野鹿而跑进一个山谷时，看见一个老翁，于是就问："这叫什么谷？"

老翁回答说："这叫愚公谷。"

齐桓公问："为什么叫这个名字呢？"

老翁回答说："这是以我的名字命名的。"

齐桓公说："今天我看你的仪表举止，不像个愚笨的人，为什么起这样一个名字呢？"

老翁回答说："您听我慢慢说，我原来畜养了一头母牛，生下一头小牛，长大了，卖掉小牛而买来小马。一个少年说：'牛不能生马。'就把小马牵走了。附近的邻居听说了这件事，认为我很傻，所以就把这个山谷叫做愚公之谷。”

齐桓公说：“你的确是太愚蠢了。你为什么让他把你的马驹牵走呢？”说完，齐桓公就回去了。

第二天，齐桓公无意中对管仲说起了这件事。出人意料的是，管仲听后非常严肃，他整了整衣襟，躬身拜了两拜，说：“这是我愚蠢啊，假如尧还在位，咎繇掌管司法，哪会出现抢人家马驹的人呢？如果有人遇见了像这位老人所遭遇的凶暴，也一定不会给别人的。那位老人知道现在的监狱断案不公正，所以只好把小马给了那位少年，请让我下去修明政治吧。”

齐桓公无意中讲起的事情，让管仲产生了愧意，并反省自己的过失。正是因为管仲能时刻反省政务偏差，竭力辅佐齐桓公，才使得齐国逐渐强大，成为了春秋五霸之一。

成功的人士，都会安排固定的时间进行反思。时常反省的人往往很少发生错误，即便是发生了，也能够及时的发现，从而弥补。当自己出现了失误，也应该立即反省，思考如何避免犯同样的错误，也可从别人的错误中反省，把别人的错误当镜子，用来借鉴，促使自己少走许多弯路。

步步为营，有计划地获得成功

适莽苍者，三餐而反，腹犹果然；适百里者，宿舂粮；适千里者，三月聚粮。

——《庄子·逍遥游》

到近郊的草木间去，一天在那里吃上三顿，回来了肚子还饱饱的；假如走一百里路呢？就不同了，得带一点干粮，说不定要两三天才能回来；如果走一千里路，那就要准备带两、三个月的粮食了。

庄子说这话，好像很喜欢旅行一样，告诉我们出门该怎么准备，实际上他讲的是人生的境界。前途远大的人，就要有远大的计划；眼光短浅，只看现实的人，他抓住今天就好了，没有明天；或者抓住明天，不晓得有后天。有一种人今天、明天、后天都不要，他要永远，庄子就是告诉这个道理。

《礼记·中庸》中有言：凡事豫则立，不豫则废。不论做什么事，都要事先做好准备，准备充足就能得到成功，不然可能就会失败。虽然说计划不能完全准确地预测将来，但如果没有计划，没有组织地工作往往陷入盲目，导致最后功败垂成。

春秋时期，鲁昭公被鲁国人赶出鲁国，他逃难到齐国。齐景公问他为什么把国君的位子给丢了，他说他没有任用忠良之材，只信任那些吹嘘拍马之辈。齐景公便问宰相晏婴鲁昭王能否重新夺回国君的位子，晏婴则说一个都快渴死才知道挖井的人怎么可能成功呢？这便是成语“临渴掘井”的由来。

有备方可无患，临时抱佛脚往往狼狈不堪，事倍功半，后悔也没用。凡事提前做好计划和准备，便会拥有从容自在的心态，成功的几率大大提高。

武王灭纣后，封管叔、蔡叔及霍叔于商都近郊，以监视殷商遗民，称为三监。武王死后，年幼的周成王继位，由叔父周公辅政，三监对此非常不满。管叔等人四处散布流言，说周公将不利于周成王。周公为了躲避嫌疑，远离京城，迁居洛邑。

不久，管叔等人与殷纣王之子武庚勾结行叛。周公乃奉成王命，兴师东伐，诛管叔、杀武庚、放蔡叔，收殷余民。

周公平乱后，写了一首《鸱鸮》诗给周成王。上面写道：“趁天未下雨，急剥桑皮，拌以泥灰，以缚门窗。汝居下者，敢欺我哉？”周公诗有讽谏之意，望成王及时制定措施，以止叛乱阴谋。成王虽心中不满，然未敢责之。

马克思说：蜜蜂建造蜂房的本领使人间的许多建筑师感到惭愧。但最蹩脚的建筑师从一开始就比最灵巧的蜜蜂高明的地方，是他在用蜂蜡建筑蜂房以前已经在自己的头脑中把它建成了。

人的一生，匆匆如白驹过隙，数人一辈子碌碌无为，另一些人却在短短的一生中取得了让人羡慕的成就。如果你够细心，你会发现，那些碌碌无为的人通常都没有明确的人生目标，而后者总是有自己详细的人生规划。所以，一个人要想有所成就，一定要认识到规划对你人生的意义。

两个和尚分别住在相邻的两座山上的庙里，但每天差不多同一时候都会下山到两座山间的小溪中去挑水，久而久之，成为好友，不觉已是多年。

一天，右山和尚下山挑水没有碰到左山和尚，心想：他大概病了，没有理会。第二天，第三天依然如是。过了好几天，右山和尚再也受不了了，不知朋友发生了什么事，决定上左边山看个究竟。

上得山来，左山和尚正在庙里扫地劳作，安然无事。右山和尚不禁发问：你怎么这么长时间没去挑水了，我以为你病了，难道你可以不喝水了吗？左山和尚不语，拉他来到后院的一口井旁，说：这么多年，每天我做完功课挑完水，都会挖上一会儿井，现在井成了，水有了，我不必再下山挑水了，可以有更多时间来念佛诵经了。

一个人的职业生涯，贯穿一生，是一个漫长的过程。我们要对它进行合理的划分，分为几个不同的阶段，明确每个阶段的特征和任务，以便更好地从事自己的职业，实现确立的人生目标，非常重要。每一个成功的人都善于规划自己的人生。

人生规划是要使你的注意力集中起来，在一个特定的时间范围里充分地利用你的脑力和体力去实现你想要达成的梦想，这将是一张实现我们的终极梦想的时间表。要想有一个无悔的人生，就要及早做好自己的规划，并全力以赴地去实现它。

坚持自我，保持个人的风格

子曰：『衣敝缊袍，与衣狐貉者立，而不耻者，其由也与。「不忮不求，何用不臧？」』

——《论语·子罕》

孔子说："穿着破旧的绵絮袍，和穿狐裘的人同立在一起，能不感到耻辱的，只有子路了吧！这就像是《诗经》上说的'不妒恨、不贪求，有什么不好呢？'"

孔子说这句话是在赞扬子路不为外物所动，子路听了之后，沾沾自喜，常把这首诗挂在嘴边，于是孔子为了警示他，便有说道："是道也，何足以臧？"这仅仅是道而已，又哪里算得上好呢？

由此可见，孔子认为不由物质所动，不因为外物而改变自己，这是作为一个君子的最基本的标准。

通常穿一件很廉价的衣服，到一个豪华的场所，心理上立即会觉得有些不适。这就要有真正的气度，即使穿一件破香港衫，到一个华丽的地方，和那些西装笔挺的人站在一起，内心中能真正的满不在乎，不觉得人家富贵自己穷，实在要有真正的修养。

我们生活的这个世界，每天都有着太多的东西可以影响我们的情绪，左右我们的心情，甚至是改变我们的处世方式。可能是物质金钱，也可能是人情冷暖，有时候甚至可能是别人的一句话，一个眼神。

每个人的人生总会遇到许多困难或是诱惑，总会遇到许多让你开心或是不开心的事，我们更加不应该被这些外物浮云所迷惑，应坚持自己的主见，保持自己独立的风格和处世方式。

群山之间有一条深涧，涧底奔腾着湍急的水流，几根光秃秃的铁索横亘在悬崖峭壁之间当作桥。山壁陡峭，涧水轰鸣。

这一天，有四个人来到铁索桥头，一个盲人，一个聋人，还有两个是耳聪目明的人，四个人一个接一个地抓住绳索凌空前行。

盲人过去了，聋人过去了，一个耳聪目明的人也过去了，可是另一个耳目健全的人却跌下桥丧了命。

盲人说："我眼睛看不见，不知山高桥险，可以心平气和地攀索。"

聋人说："我耳朵听不见，不闻河水咆哮怒吼，恐惧相对减少很多。"

过了桥的健全人说："我过我的桥，险峰与我何干？激流与我何干？只要注意落脚稳固就可以了。"

健全的人之所以丧命的原因，主要是受到了外界太多的干扰所致。在人生的路上，难免有急流险滩，能不为外物所动，走好自己的路，就能化险为夷。

台湾有一种药草，名叫"独活"，生长在海拔很高的地方，所有草都不生长，只有这种草生长，所以叫它"独活"，这就是劲草，大风都吹不倒。时代的大风浪来临时，人格还是挺然不动摇，不受物质环境影响，不因社会时代不同而变动。

意大利著名诗人但丁说过："走自己的路，让别人说去吧！"这个世界上有多少人，就有多少种不同的想法，每个人对事对物的看法都各有不同。

而对于做事情的人来说，若是总是执着于别人怎么看怎么想的话。那结果就是什么都做不好。

有一位老翁和一个孩子牵一头驴子驮着货去集市卖。在回来的途中，孩子骑在驴背上，老翁牵着驴走，路人见了纷纷责备孩子不懂事，叫老人徒步。于是，他们更换了一下位置，但旁人又说老人心肠太狠，让孩子在地下走，老人急忙把孩子抱到驴上。

后来看见的人却又说他们这样对于驴未免太残酷了，于是，一对老小便下来牵着驴走。走了不远，又有人笑他们了，说他们是呆子，闲着现成的驴却不骑，于是老人对孩子叹息道："看来我们只好抬着驴子走了！"

其实，每个人都是一个独立的个体，都有属于你自己的独立的做事方法，若是一听到别人的不同意见，就要改变自己的做事方法，那你是否想过，那种方法对你来说是不是合适呢？

诚然，在日常生活中，我们应当博采众议，广泛地听取别人的意见或是建议，但是对于这些建议，我们要有取舍，因为有些人给我们的建议，并不是站在我们的角度上考虑的，完全是出于他自己的好恶，对于这样的意见，我们肯定是要过滤掉的。

我们做事要有自己的判断，要有自己的选择，只要自己认准了是正确的，就不要再管别人怎么说怎么看，按着自己步子走到底就可以了。

认清本真，才不至于迷失本相

子谓子贡曰：『女与回也孰愈？』对曰：『赐也何敢望回，回也闻一以知十，赐也闻一以知二。』子曰：『弗如也，吾与女弗如也。』

——《论语·公冶长》

孔子对子贡说：“你和颜回相比哪个更优秀？”

子贡回答说：“我怎么敢和颜回相比？颜回能够听闻一而知十，我只能听闻一而知二。”孔子说：“是不如啊，不单是你不如颜回，连我都不如啊。”

《道德经》上说：“知人者智，自知者明。”一个能够认识、了解别人的人是聪明人，但能了解自己，知道自己所行之缺点的，才是真正明理之人。子贡认为自己没有颜回那样闻一知十的才能，自己的才能只能闻一知二，所以他认为自己不如颜回，孔子的回答说明孔子能够看见别人的优点，并且敢于正视和承认自己不如别人的地方。毫无疑问的，子贡和孔子都是有自知之明的明白人。

楚庄王要讨伐越国，庄子劝谏道：“大王为什么要讨伐越国呢？”

庄王答道：“因为越国政治混乱，士兵羸弱。”

庄子说：“臣认为智慧就像眼睛一样，能看到百步之外的东西，却看不到自己的睫毛。大王曾经兵败给秦国、晋国，丧失了几百里的土地，这就是士兵羸弱了。庄蹻在楚国境内当强盗为害百姓，官吏却不能将其制服，这就是政治混乱了。大王政治之乱，兵力之弱，似乎也不在越国之下，但却想讨伐越国，这就说明了大王的智慧也像那眼睛一样，看得到别人，却看不到自己。”

庄王于是取消了这次军事行动。

一个人的强大，不在于他战胜了多少敌人，而在于他是否战胜了自己。智慧也是一样，一个人是否明智，不在于他多么善于看透别人，还在于他是否能看透自己，正所谓“知人易而知己难”，自古以来，莫不是如此。

佛说：人人都不知自己的本来面目，因此自心不明自心而不能见道。我们只有认识了自己，看清了自己，才能找到合适自己的路，才不会在人生的道路上迷失方向。

阿奎利斯·爱克斯在《豺狼的微笑》一书中曾经这样写道：“认识你自己，实践自己，就是天堂；不认识自己，想扮演别人，就是地狱。”

春秋时期，越国有一女子名叫西施，不仅生有沉鱼落雁之容，闭月羞花之貌，而且一举手一投足皆让人有惊艳之感。每一个细微的动作都惹人怜爱。西施向来都有犯心口痛的毛病，每次心痛时，她总是轻轻地按住胸口，微微地皱着眉头。当她从乡间走过的时候，乡里人无不睁大眼睛注视着她。

同乡有一丑女名为东施，她看见后，认为这样的动作很美，于是也学西施捧心皱眉，自以为也很美。结果，乡里的富人看见后，却都因此紧闭门户而不出门；贫穷人看了，则赶紧带着妻子和孩子躲开。

东施只知道西施皱眉的样子很美，却不知道她为什么很美，而去简单模仿她的样子，结果反沦为笑柄。

其实，每个人都是独立的自我，每个人都有属于自己的舞台，适合别人的东西不一定会适合你，与其花过多的时间、精力去模仿别人，不如抽点时间找出自己的所能、所长去尽量发挥，所得一定会比模仿别人来得多。

正所谓:“骏马能历险，犁田不如牛；坚车能载重，渡河不如舟。”在现实生活中，我们做事情不要一味地模仿别人，而是要去探索其中的原因，懂得创新，简单地模仿只能使自己的路越走越窄，最后陷入死地。

清・王翚　松壑垂纶图

第九章 自强

生于忧患，死于安乐

国学之智

蚌病成珠，经历痛苦才能实现价值

象曰：『屯，刚柔始交而难生，动乎险中，大亨贞。雷雨之动满盈，天造草昧，宜建侯而不宁。』

——《周易·屯卦》

屯卦是《易经》六十四卦之第三卦,“屯”是个会意字,象征草木初生,艰难的钻出土地，尚未伸展成形。此卦意在突出事物初生时的艰难之象,然而顺应时运突破艰难的万物必欣欣向荣，故取名为“屯”。

南怀瑾先生在他的《易经杂说》中说到:“‘象曰：屯，刚柔始交而难生。’这个屯卦是刚柔始交之象，刚与柔是绝对相反的，是矛盾的，这内卦震为雷，雷电是阳刚之气，坎卦为水，是柔，一刚一柔，正在矛盾相交，虽然矛盾，但矛盾中往往产生新的东西，这是必然的法则。

所以刚柔两个刚刚开始交，等于男女谈恋爱，在开始交往的时候，中间有很多的困难，或者一个事业，交一个朋友，个性不同，当中会有极大的困难。透过‘刚柔始交而难生’这句话,可以了解很多做人做事的道理,一件好事的产生，并不那么简单，大而言之，一个好的历史局面的完成,很不简单，譬如革命的完全成功，也就‘刚柔始交而难生’，真不知道要经过多少艰难困苦。”

古人云:“自古磨难出英雄，从来纨绔少伟男。”没有经历磨难的人,往往难成大器。表面上看，磨难是饱含着痛苦和艰辛的，它会让一些意志不够坚定的人望而却步。但事实上磨难是我们生活中最真诚的朋友，因为真正促使你成熟，促使你坚强，让你变得韧性十足的，能够鞭策你取得更大进步的，正是我们生活中所经历的磨难。

山庙之中有尊铜铸的大佛和一口铜钟，这口铜钟每天都要承受无数次撞击，而大佛每天却只是坐在那里，接受善民信众的顶礼膜拜。铜钟非常不忿，于是就向大佛抗议说："你我都是铜铸的，可你却高高在上，每天都有人参拜你，向你烧香奉茶，献花供果，而每当别人拜你之时，我就要挨打，这太不公平了。"

大佛听后微微一笑，安慰大钟说："你何必羡慕我，你可知道？当初制造我，是经过千锤百炼地敲打，一刀一刀地雕琢，历经刀山火海的痛楚才铸成佛的眼耳鼻身。我的苦难，你不曾忍受，我经历过难忍的苦行，才坐在这里，接受鲜花供养和人类的礼拜！而你，别人只在你身上轻轻敲打几下，就忍受不了了！"

孟子曰："舜发于畎亩之中，傅说举于版筑之间，胶鬲举于鱼盐之中，管夷吾举于士，孙叔敖举于海，百里奚举于市。故天将降大任于斯人也，必先苦其心志，劳其筋骨，饿其体肤，空乏其身，行弗乱其所为，所以动心忍性，曾益其所不能。"

上天若是要让一个人成就一番大业，也必然会在他的身上加上诸多的苦难，从而使他变得更加坚定、坚强、坚忍不拔。

天下的事情，当好事来的时候，都有困难，不经过困难而成功的，绝对不是好事，轻易得到的，很快就会失去，一项真正成功的事业，没有不经过困难的。

一个雨后的下午，男孩在草地上发现了一个蛹，他把蛹带回了家。过了几天，他发现蛹上有了一个裂缝，一只蝴蝶正在挣扎着想要出来，可是也许是蝴蝶还太脆弱，也许是蛹太结实，蝴蝶挣扎了几个小时的时间，依然没能破蛹而出。

小男孩实在忍不住了，决定帮助它一把。他找来了剪刀，小心翼翼地将蛹剪破，蝴蝶顺利地出来了。但是小男孩没有像预期的一样看到蝴蝶翩翩起舞，那只脆弱的蝴蝶挣扎着想要飞，可是它的翅膀实在是没有一点力气，没过多久，蝴蝶就死去了。

蝴蝶破茧而出的挣扎和痛苦是它展翅而飞的必经阶段，在这样的一个过程中，蝴蝶可以逐渐地强壮起来。只有积攒了足够的力量时，它才能撕开蛹衣，化茧成蝶。小男孩帮它度过了这个痛苦的阶段，却使得他失去了生存的能力。

吴国的太宰伯问子贡说："孔夫子是位圣人吧？为什么这样多才多艺呢？"子贡说："这本是上天让他成为圣人，而且使他多才多艺。"孔子听到后说："太宰怎么会了解我呢？我小时候生活艰难，因为要谋生，所以才学会了这些本事啊。"

文王拘而演周易，仲尼厄而作春秋；屈原放逐，乃赋离骚；左丘失明，厥有国语；孙子膑脚，兵法修列。每一个伟大人物的背后，都伴随着无数的磨难和痛苦，也正是这些磨难和痛苦，磨砺了他们的意志，锤炼了他们的精神，帮助他们获得了成功。

磨难是我们前进的基石，没有磨难的社会无法进步。我们今天的繁荣都是祖先一代代不怕艰险、无所畏惧、披荆斩棘发展过来的。我们要感谢所有已经经历过或将要经历的磨难，是它带给我们力量，让我们积累经验，使我们坚强振作。

永不言败，身处逆境心在顺境

子曰：『贤哉，回也！一箪食，一瓢饮，在陋巷，人不堪其忧，回也不改其乐。贤哉，回也！』

——《论语·雍也》

相传，孔子有门徒三千，其中比较有名的有七十二人，被誉为“孔门七十二贤”，而颜回又是孔子最得意的弟子之一。颜回的一言一行，都非常合乎孔子的心意，所以常常被孔子拿来作为教育其他弟子的典范。

孔子曾经当着众人的面说过：“颜回每天只是吃一小筐饭，喝一瓢水，住在穷陋的小房中，别人都受不了这种贫苦，颜回却仍然不改变追求大道的乐趣，真是贤德啊！”

因为他的这种身处逆境，而心中却依旧乐观向上的精神品德，所以孔子非常的喜欢他，当他英年早逝之后，孔子痛不欲生，连连大呼：“天丧予，天丧予！”

有人说顺境和逆境，就像人的两只脚，你要靠这两只脚才能到达目的地，靠一只脚很难。很多人总想追求一帆风顺，厌恶不顺的心理，趋利避害是每一个人的天性，这倒可以理解。但不能一时的成功就弹冠相庆，忘乎所以，一旦遇到挫折，就灰心沮丧一蹶不振。这两点都不可取。

其实在人生的道路上，总是什么都会遇上的。顺境、逆境，好事、坏事，都不可避免。若是过分地执着于这些，就会苦恼不堪。但如果不执着，能平等地对待、接纳的话，也许就不会给你带来那么多的伤害和烦恼了。

有一个宋人外出远游，回来的时候，却发现家里的门锁被撬开，很多东西都被小偷给盗走了。他的一位朋友得知消息后，忙赶来安慰他。一边指责偷盗之人，一边劝他想开点，不要在意。

宋人却笑了笑说："多谢你来安慰我，不过现在我并没有感到什么不高兴。因为，第一，小偷虽然偷走了我的东西，但是幸好我外出了，所以他没有伤害到我；第二，小偷只是偷走了我的一部分东西，而不是全部。第三，最值得庆幸的是，小偷是他，而不是我。"

在我们的生活当中，不好的事情总是会遇到的，但是，你要清楚，困境不等于是绝境，人生是一个过程，生命是一种体验。在自己的生命旅程中，没有谁可以做到一帆风顺，或多或少的总是会有些起伏坎坷。任何人都不可以奢望自己的人生永远都侵泡在蜜糖中，永远都行走于阳光下，重要的是在面对荆棘和风雨时，要有勇气和信心。

其实，我们遭遇一些所谓的"困境"并不可怕，可怕的是，我们在困境中的恐慌和迷茫。越是身处困境，越要沉着冷静，理智应对。

生活中失败和挫折是难免的，关键是我们要怎样去面对它，进而得到解决问题的方法。千万不要放大挫折，它未必如我们想象的那么糟，更不要把失败归结于命运，认为所有的挫折都是命中注定的。这样的话，在困难面前，我们就会变得很被动。

如果我们在困境中能保持乐观的心态，我们终究会获得解决困境的方法。如果我们只盯着当时不好的局面，让自己的思维深陷在困局当中，那我们的问题不仅不能得到解决，反而会更加恶化。

失之东隅，收之桑榆

大道废，有仁义；智能出，有大伪；六亲不和，有孝慈；国家昏乱，有忠臣。

——《道德经》

有失必有得也是自然界的对立法则：废弃了对立的‘道’的研究，就会有融合的仁义的产生；一旦弘扬了人类的智能，虚伪狡诈也会随之产生；正由于存在六亲之间关系不融洽的现象，才产生了尊老爱幼的孝道，才崇尚其慈悲心；正是因为有国家的混乱，才产生了忠贞守节之臣。

有句古话叫做：“东方不亮西方亮，阴了南方有北方。”人生不能因为一时的失败或得失而气馁，因为有失必定也会有所得。执着于你已经失去的东西，只会让你气愤，应该静下心来，多看看获得的东西，这样才能规划好蓝图，认真走好下一步。

公元27年，刘秀即位为光武帝后的第三年，派大将冯异率军西征，扫平赤眉军。赤眉佯败，大司徒邓禹贪功冒进，导致大军在回溪之地被赤眉军击败。士卒死伤逃散，溃不成军，邓禹逃奔宜阳。冯异与麾下数人弃马步行，逃上回溪阪。

冯异败回营寨后，重召散兵，先以精兵伏道旁，令其身着赤眉军服装，假扮赤眉军，然后纵兵会战。内外夹攻之下，终于在崤底之地大破赤眉。事后，汉光武帝刘秀下诏褒奖他，诏书上写：“始虽垂翅回溪，终能奋翼渑池。可谓失之东隅，收之桑榆。”

东隅的意思是东方日出的地方，意指早晨，桑榆是西方日落处日落时太阳的余晖照在桑榆树梢上，意思是指傍晚。刘秀这话的意思是说，开始在回溪遭受挫折，最后在渑池一带获胜。这就是所谓在日出东方一样气势旺盛的时候吃了败仗，在日落西山的时候却得到了胜利。

一个海难者漂泊到了一个荒岛上，好几天都看不到有船只经过的影子，无奈之下，他只好在岛上搭建了一个简易的庇护所，又在旁边点了一堆火取暖。结果当他去树林中寻找食物回来之后，却发现庇护所竟然被篝火点着了。看着数日心血搭建的庇护所被大火付之一炬，他不禁躺在沙滩上仰天长叹。没有想到，过了不多久，竟然有一艘船直接来到了岛上。原来篝火烧毁了庇护所燃起的浓烟正好被过往的船只给发现了。海难者失去了庇护所，但却换来了获救的机会。

人们总是害怕失去，其实失去并不总是代表消极的负面含义。因为塞翁失马，焉知非福，谁又能说生命中存在绝对的失去呢？

乾隆元年，郑板桥考中进士，做了山东潍县县令。他为人刚直不阿、清正廉明，对人民的苦难生活深感同情，并且对那些残害人民的官僚感到深深的不满，最终因为得罪达官显贵被贬回乡。

回到扬州后，他寄情于书画，纵意于山水之间，渐渐从中感受到了大自然的惬意和安详，体悟到了生命的乐趣。

在写给其弟的《范县署中寄舍弟墨第四书》中尽显了他的豁达与惬意。就是因为这份豁达，使他的画不泥古法，师法自然，极工而后能写意，最终成就“扬州八怪”、“诗书画三绝”的盛名。

正是因为郑板桥得罪了显贵，失去了官职，他才有机会寄情山水，感悟自然，从而让自己的书画技艺得以提升，流芳百世。

人生就是这样，如果你失去了些什么，你一定也会有所收获。有些人失去了高官，却获得了清闲自在；有些人失去了厚禄，却获得了内心安适。

有时候，即使不幸遭遇了挫折，你也积累了成功前必要的经验。正如明代大儒王阳明的《与薛尚谦书》中道：“经一蹶者长一智，今日之失，未必不为后日之得。”如果你突然从少年得志变为经济困难，那么你就能迅速成长为成熟的人；如果你失业了，那么你得到了一次激发潜能的机会。

善始善终，做事要有始有终

夫保始之征，不惧之实，勇士一人，雄入于九军。将求名而能自要者而犹若是，而况官天地、府万物、直寓六骸，象耳目、一知之所知，而心未尝死者乎！

——《庄子·德充符》

为了遵守先前的诺言，那些具有无所畏惧品质的勇士，就是独自一个人，也敢于闯入千军万马中作战。那些为了求得名誉而能严格要求自己的人尚且如此，何况主宰天地，蕴藏万物，把身体六骸只当作寄托的躯壳，把耳目当作一种象征性的摆设，把世间万般认知视为一回事而未曾丧失常心的人呢！

一个人由开始到结果，有始有终，这很难。我们做人做事，有时慷慨激昂答应一件事，说一句话很容易，不过只要几天时间，就把自己讲的话，要做事情的动机给忘了。要做到“有始有终”首先就要做到“说话算话”，答应了别人的事情，无论有多大的困难都要办成。俗话说：“人无信不可立于世。”说到做不到，在失去了诚信的同时，也失去了别人对我们的信任。

当孟家还在庙户营村集市旁居住时，孟子看到邻居杀猪，不解地问母亲：“邻家杀猪干什么？”

孟母当时正忙，便随口应到：“煮肉给你吃！”孟子十分高兴，等待食肉。孟母见此非常后悔。她心说：“我怀着这个孩子时，席子摆得不正，我不坐；

肉割得不正，我不吃，这都是为了对他的教导啊，现在他刚刚懂事而我却欺骗他，这是在教他不讲信用啊。”

为了不失信于儿子，尽管家中十分困难，孟母还是拿钱到东边邻居家买了一块猪肉，以证明她没有欺骗他。

世事艰难，很多时候是说起来很容易做起来却很难。豪言壮语谁都会说，然而真正能够坚持下去的只有一小部分人。做一件事，要想有好结果，就要注意有好的开始，要不惧一切，无所畏惧，不管遇到什么挫折，都要坚持走这一条路。

孟子少年时读书很不用功。一次，孟子放学回家，孟母正坐在机前织布，她问孟子：“《论语》会背诵了吗？”

孟子回答说：“会背诵了。”

孟母高兴地说：“你背给我听听。”

可是孟子总是翻来复去地背诵这么一句话：“子曰：‘学而时习之，不亦说乎？’”

孟母听了又生气又伤心，举起剪刀一下就把刚刚织好的布割断了，麻线纷纷落在地上。

孟子看到母亲把辛辛苦苦才织好的布割断了，害怕极了，就问他母亲：“为什么要发这样大的火？”

孟母说：“学习就像织布一样，你不专心读书，就像断了的麻布，布断了再也接不起来了。学习如果不时时努力，就永远也学不到本领。”

孟子很受触动，从此以后，他牢牢地记住母亲的话，刻苦读书。最后终成大器。

孟母的确是一个伟大的母亲，总是能在孟子走入歧途的时候，将他引导到正确的方向上，在他留恋路途风景的时候，催促他继续前行。若是没有她的谆谆教诲，可能我们就会失去这么一个伟大的思想家了。

做事有始有终，强调的就是一个连续的过程。说过的话，就像泼出去的水，是收不回来的，将自己的诺言兑现才是真正应该做的事。雷声大、雨点小，做事虎头蛇尾的人到头来只能贻笑大方。

有一幅漫画，画的是一个人在掘井，每一次他都会在将要挖到水的时候停下来，换另一个地方重新挖掘，结果，付出了大量的劳动依然没有打出水来。在人生的旅途中，有很多道路可以选择，但是我们没有那么多的时间去一一尝试，只能选择其中的一条道路坚持不懈地走下去，也许走到路的尽头，才能品尝到成功的果实。

心有主见，不为他人言语所动

子曰：『由之瑟，奚为于丘之门？』门人不敬子路。子曰：『由也升堂矣，未入于室也！』

——《论语·先进》

孔子说：“子路这样弹瑟，怎么能到我的门下来学习呢？”学生们听了，以为夫子在贬低子路，所以都很不尊敬他。孔子于是又说道：“子路这个人的境界已经入道了，只是还没有到达高深的境界罢了！”

在这里就看出群众的心理是盲从的。这个地方，我们读书就要注意了，真正头脑冷静，任何事情不跟着别人转变，要用自己真正的智慧、眼光来看一件事、看一个人。

说话是一个很大的学问，古人常说：“一言可以兴邦，一言可以亡国！”一句话可以救一个人，一句话也可以杀掉一个人，所我们通常都说“唇枪舌剑”，说的就是这个意思。

一个狐狸掉进了深井，它用尽了方法都无法从里面逃脱出来。此时，有一只山羊因为口渴而来到了井边，它看到了井底的狐狸，于是就问井下的水甜不甜。狐狸连忙收起自己的沮丧表情，欣然地面对，同时极力夸赞井水多好多好，并撺弄山羊下到井底来喝，山羊听了狐狸的甜言蜜语，欣欣然地跳进了井底。

等到喝完水之后，狐狸这才告诉它，目前他们所面临的困境，并且还出主意道:“你把前脚放在墙上，头部低俯，我跳到你的背上，便可爬出这口井，然后再帮助你脱困。”

单纯的山羊听从了狐狸的建议，狐狸立刻跃登山羊的背上，抓住山羊的两只角，稳步地爬到井口，然后拔腿就跑。

山羊这才知道上当了，站在井底痛骂狐狸不守信用，狐狸则转身大叫:“老笨蛋！假如你的头脑能像你的胡子那样长，你就不会在没有摸清出路之前，就往井里跳了。”

一个毫无主见的人只能接受被人欺骗的命运，一个轻信别人的人同样只能接受失败的苦果。就像这只山羊一样，自己不进行独立思考，却凡事按照狐狸的意见去办，最后只能自己承担苦果。

人活着要有自己的主张，这样才能形成一个独一无二的自己。然而在大多数人的身上，我们找不到主张，除了盲从别人以外，剩下的就是固执和偏见。

大千世界，纷纷扰扰的信息都会对我们的判断力产生影响，若是我们没有自己的主张，就会被外界的信息牵着鼻子走。任何外来的信息都必须内化到我们的心里，才会产生作用。只要我们有自己的主张和看法，外界的干扰信息再多，也不会对我们形成影响。

古代官场上，为了权势的争夺，经常是尔虞我诈，互相攻击。为了将当权者挤下台，造谣生事，诬陷别人这都是常有的事情。身为一个上位者，每天传到你耳中的流言蜚语更是不计其数，很多时候你都要靠着自己的主观印象来判断这些话到底是真是假，这就到了考验上位者能力的时候了。

若是身为上位者，能不被这些虚虚实实的言语所动摇，随时把持住自己的主见，那就是一个合格的上位者，但若是你被这些闲言碎语给搞得摇摆不定的话，那唯一的结果，就是导致你的下属人人自危，惶惶不可终日，最后整个集体彻底瓦解。

汉昭帝初继位时，燕王刘旦心怀怨恨，图谋反叛。上官桀妒忌霍光，于是与燕王共谋，诈使别人为燕王上书，说霍光去广明总阅见习军官时，以帝王出巡的仪节上路，并擅自增选大将军府的校尉，专权放纵，恐怕有反叛的意图。

上官桀特别选在霍光休假回家的日子上奏，但昭帝不肯下诏治罪。

霍光知道了，不敢上殿。

昭帝问道："大将军在哪里？"

上官桀说："因为燕王纠举他的罪状，不敢上殿。"

昭帝命霍光上殿，霍光脱掉帽冠叩头谢罪。昭帝说："将军不必如此，朕知道这份奏章是假的，将军无罪。"

霍光说："陛下怎么知道的？"

皇上说："将军去广明校阅郎官，是最近的事，选调校尉以来，也还不到十天，燕王怎么能知道这些事呢！况且将军如要谋反，也用不着选调校尉。"

当时昭帝年仅十四岁，尚书及左右官员都很惊奇，都对这位明察秋毫的小皇帝钦佩不已。

常言道："刚愎自用的人是蠢材，没有主见的人是废材！"纵观古今，无论经济上还是政治上，成功人士都有一个共同的特点，那就是：做人有主见，处事敢决断。

我们的社会形成一股又一股的潮流，很多人就是在这种潮流里随波逐流，飘到哪算哪，永远也没有自己的航向。主见对于一个人的人生来说意义重大。只有知道自己想要什么，不想要什么；能做什么，不能做什么，才能拥有一个明确的人生目标和行为标准。心中有主见，在人生的路途中，才不会因受到外界的干扰而焦躁不安。

胸有成竹，强者有所为有所不为

子曰：『不得中行而与之，必也狂狷乎！狂者进取，狷者有所不为也。』

——《论语·子路》

孔子说：“我找不到奉行中庸之道的人和他交往，只能与狂者、狷者相交往了。狂者敢作敢为，积极进取，狷者对有些事是肯定不干的。”

社会上成为中流砥柱的人，往往就是这些狂狷之士，就对交朋友而言，也是一样，平常无所谓，到了真有困难时，能来帮忙的朋友，不是狂之士，就是狷之士。

狂者进取，狷者有所不为，由此可见，所谓的狂狷之士还都是懂得取舍之道的达士。

中国有句俗话叫做：有所为而有所不为。有所得，就必有所失。人的精力是有限的，只有放弃一些事情不做，才能在其他事情上做出成绩。所以，我们要学会审时度势，懂得取舍，坚持值得坚持的，放弃或者暂时放弃某些无关紧要的事情。

有一个年轻人很有才华，但是事业却发展的很不顺利，于是，他去请教一位智者。智者见了他之后，并没有给他讲什么人生道理，只是问他喜欢吃些什么，然后请他大吃了一顿。

智者让人摆了满满一桌子的山珍海味，都是年轻人爱吃的，有些更是只是耳闻，还从来都没有机会尝试过，开始用餐时，年轻人挥动筷子，每个菜都不放过，想要全部都尝尽，所以当用饭结束后，他吃得非常饱。

智者见他酒足饭饱了，就问他："你吃的都是些什么味道？"

年轻人摸了摸肚子，很为难地说："太多了，哪里还分得清楚。"

智者又问："那你感觉吃得舒服吗？"

年轻人听了一愣，讪讪道："肚囊撑涨，非常痛苦。"

智者笑了笑说道："是啊！人的肚囊还真是有限啊！"

年轻看了看满桌都只是浅尝几口的菜肴，顿时彻悟。

年轻人每一样菜肴都不放过，所以他将自己撑得非常痛苦，但是他每一样都仅是浅尝即止，所以每一样都无法体会到其中三味。这就好比是人生，人的一生会遇到太多美好的东西，但是我们不可能每一样都去追逐，因为我们没有那个精力。

法国思想家伏尔泰说过：使人疲惫的不是远方的高山，而是鞋里的一粒沙子。在人生的道路上，我们必须随时倒出那些“沙子”，它就是我们在追求梦想的过程中需要放弃的东西。什么也不放弃的人，往往很难走到最后。

在日常的生活中，我们也会面临许多的取舍，小到一件衣服、一双鞋子、一份午餐的选择，大到一份工作、一段感情。许多人都曾经在一份艰苦的工作中挣扎很久，或是在一段不适合自己的爱情面前徘徊不前。即使你知道这些并不适合你，但就是无法舍弃，无法从容地对它说再见。

毫无疑问的，在面临取舍的时候，我们要学会思考，什么该放弃，什么不该放弃。为了抓住那些该放弃的，有时反而会错失了那些生命中最重要的东西。一次选择是一次丢失，一次丢失也是一次获得。

一个青年向富翁请教成功之道，富翁什么都没有回答，却拿了三块大小不等的西瓜放在青年面前。

富翁说："如果每块西瓜都代表一定的利益，你选哪块？"

青年毫不犹豫地回答："当然是最大的那块！"

富翁笑了笑，把最大的那块西瓜递给青年，而自己却吃起了最小的那块。

很快他就吃完了自己手上的那块，随后拿起桌上的最后一块西瓜得意地在青年面前晃了晃，大口地吃了起来。

青年见此，立马就明白了富翁的意思。虽然富翁吃的第一块西瓜没有他的大，但他吃完后，却又占了第二块。如果每块代表一个程度的利益，那么富翁占的利益自然比青年多。

吃完西瓜，富翁对青年说："要想成功，就要学会放弃，只有放弃眼前利益，才能获得长远大利，这就是我的成功之道。"

人的一生就是一个选择的过程，今天的放弃，正是为了明天的得到。有时候贪大求全并不好，懂得取舍才是王道。

孟子曰："鱼，我所欲也，熊掌，亦我所欲也；二者不可得兼，舍鱼而取熊掌者也。生，亦我所欲也，义，亦我所欲也；二者不可得兼，舍生而取义者也。"鱼，是我所想要的东西；熊掌，也是我所想要的东西。这两种东西不能同时得到，我会舍弃鱼而选取熊掌。生命也是我所想要的东西；道义也是我所想要的东西。这两样东西不能同时得到，我会舍弃生命而选取道义。

两千年前，孟子就告诉我们:“鱼与熊掌不可兼得。”人的生命是有限的，在这个有限的时间内，我们应该作出理性的选择，究竟什么该拥有，什么该放弃。只有当我们做出正确的选择时，我们才会拥有正确的人生。

明·边景昭　王绂　竹鹤双清图轴

第十章 识人

君子之交，应淡如水

品行为重，交友从识人开始

君子先择而后交，小人先交而后择，故君子寡尤，小人多怨。

——《中说·魏相》

聪明人先选准人再交朋友，不聪明的人先交朋友再选择人。所以聪明人很少因交朋友带来麻烦，不聪明的人却经常因交朋友带来怨恨。

在结交朋友之前，还要先了解一个人的性情、品德以及习惯。就识人而言，还是孔子的“视、观、察”识人法比较简便易行，而且对每个人都适用。这种方法如何运用呢？第一，看这个人的追求目标。第二，看这个人实现目标的手段是什么。第三，看这个人的兴趣爱好是什么。

用孔子的“视其所以，观其所由，察其所安”的方法看人，不管对方是披着羊皮的狼，是披着狼皮的羊，还是披着虎皮的老虎，都将现出原形，你就可以据此择定自己的真朋友了。

老子曾言：知人者智。能识人的都是有智慧的。晚清的中兴名臣曾国藩就是这样一个能识人的智者。

曾国藩的学生李鸿章曾经给他写信，要推荐三个年轻人到他的帐下效命。接到书信后，曾国藩就把那三个人招到了府上。

一开始并没有出去见他们，而是在不远处的地方，暗暗观察这几个人：

只见其中一个人不停地用眼睛察看房屋内的摆设，似乎在思考着什么；另外一个人低着头，规规矩矩地站在庭院里；剩下的那个人相貌平庸，却气宇轩昂，背负双手，仰头看着天上的浮云。

仔细观察了一会后，曾国藩这才走出去，同他们攀谈起来。渐渐地，曾国藩发现，不停打量客厅摆设的年轻人和自己谈话最投机，似乎早就熟悉他的喜好习惯。相形之下，另外两个人的口才就没有那么出众。不过，那个抬头看云的年轻人对事对人都很有主见，只是说话过直，让曾国藩有些尴尬。

出人意料的是，曾国藩并没有对说话最投机的年轻人委以重任，而是给了一个有名无权的虚职；很少说话的年轻人，被派去管理钱粮马草；最让人惊奇的是，那位仰头看云，偶尔顶撞他的年轻人却被派去军前效力，曾国藩还再三叮嘱下属，这个年轻人要重点培养。

在大家都不明所以的时候，他说出了事情的奥秘："第一个年轻人在庭院里等待时，便用心打量大厅的摆设，刚才他与我说话的时候，明显看得出来他对很多东西不甚精通，只是投我所好，由此可见，此人善于钻营，有才无德，不足以托付大事；第二个年轻人遇事唯唯诺诺，沉稳有余，魄力不足，只能做一名刀笔吏；最后一个年轻人不焦不躁，竟然还有心情仰观浮云，就这一份从容淡定便是少有的大将风度，更难能可贵的是，面对显贵他能不卑不亢地说出自己的想法而且很有见地，这是少有的人才啊！"

后来，这个仰天望云的年轻人经过多年磨练，终于得成大器，不仅因为战功显赫被册封了爵位。而且他还在垂暮之年，率领台湾居民重创法国侵略军，从而扬名中外。他便是刘铭传，台湾道首任巡抚。

这个故事虽然讲得不是交朋友的事，但是曾国藩的这种识人之能，若是用于交友识人也是非常适宜的。

“识人”确实是一种极高的智慧，善于识人，并结交一些真正的朋友都需要花精力、下功夫。不过有个良师益友，对于一个人的人生来说是非常重要的。相比较而言，“识人”所下的功夫就非常值得了。

大多数人“识人”都喜欢靠自己的感觉，感觉某某某不错，或是感觉谁谁谁不好。其实，这也不尽然是对的，因为人的感觉总是会不自觉的偏向自己，所以常常会出错。

徒弟对师父说：“我觉得师叔这人实在不怎么样！”

师父听了这话，有些摸不着头脑，奇怪地问：“这话怎么说？”

徒弟说：“他总是挑剔你的学问，而且还不喜欢你的身高。”

师父笑了笑说：“可我倒觉得，他这人很不错。”

徒弟皱了皱眉，问：“你怎么会这样认为呢？”

师父说：“他对自己的母亲很孝顺，每天都照顾得非常周到；他对师父也十分尊重，从来没有不恭的行为；他对朋友们很真诚，常常当面指出别人的弱点，帮助对方改正；他对小孩很友善，经常和孩子们在一起做游戏；他对穷人富有同情和怜悯心……”

徒弟反驳说：“但是，他对你却不那么尊敬啊！”

“这就是问题所在啊！”师父轻轻拍了徒弟的肩头，一个人如果站在自己的立场上来看待别人，常常会把人看错。所以，我看人，从来不看他对我如何，而看他对待别人如何。”

在生活中，我们不能依照自己的感觉去识人，给一个人定性，不能因为他对你怎样，就认为这个人怎样。我们应该更加客观理性地看待一个人，就像是苏格拉底一样，看一个人，不看他对自己如何，而看他对待别人如何。这样，我们才能尽量使自己避免陷入主观的误区，交到错误的朋友。

人的一生不可以没有朋友，否则就无法生存和发展，一个好的朋友是你事业成功的基石，也是你受到挫折后的人生避风港。但如果你识人不明，误交损友的话，可能会毁掉你的一生。

就好像《水浒传》中的林冲，就是因为交了陆谦这个损友，最后害得他家破人亡。而我们伟大的精神导师马克思同志，若不是有着恩格斯这么一位良师益友的存在，可能后面就没有《资本论》这本传世大作的出现了。

慧眼识人，成也『三友』，败也『三友』

孔子曰：『益者三友，损者三友。友直，友谅，友多闻，益矣。友便辟，友善柔，友便佞，损矣！』

——《论语·季氏》

孔子说：“有益的朋友有三种，有害的朋友有三种。与正直的人交朋友，与诚信的人交朋友，与知识广博的人交朋友，是有益的。与谄媚逢迎的人交朋友，与表面奉承而背后诽谤人的人交朋友，与善于花言巧语的人交朋友，是有害的。”

从表面文字上看来，这节完全在说友道，其实，扩而充之，以广义来讲，所谓君臣之际，领导人与干部之间，规规矩矩的讲，应该都属于友道相处才对。历史上的创业集团，主从之间，大都是友道相处。等到严格分齐君臣主从的时候，也就是快要走下坡路了。天下事固然如此，个人的事业，又何尝不如此。

孔子说的“益者三友，损者三友”明着是在教导我们交朋友的道理，实则是告诫君王“近贤臣，远奸佞！”

但无论是孔子字面上所显示的交友之道，还是为君之道，有一点是肯定的，那就是朋友是有好坏的，交了好的朋友则有益于己身，交了不好的朋友，就会害了自己。

孔子曾经还打过一个比喻："与善人居，如入芝兰之室，久而不闻其香；与恶人居，如入鲍鱼之肆，久而不闻其臭。"意思是与好人交朋友就像是进了花房里，久而不闻其香，因为你的身上，衣服上都充满了花的香气。而与坏人交朋友，就像是进了咸鱼铺，久而不闻其臭，因为你的身上已经全是臭咸鱼味了。

交到一个好朋友其实就是开创了一段美好生活，朋友有时就像一面镜子，从他们身上能看到自己的差距。就像是唐太宗说的：以人为镜，可以明得失。

齐国的名相晏婴身材矮小，其貌不扬，看起来还有点滑稽。可是他有一个车夫，却长得特别帅，身材伟岸，仪表堂堂。

这个车夫觉得自己每天坐在车前面，驾着高头大马，而晏子虽然是宰相却只能在车棚里面坐着，所以常以此沾沾自喜！

有一天，车夫回到家里，发现自己的夫人哭哭啼啼地收拾了东西要回娘家，他吃惊地问道，你要干什么？他夫人说，我实在忍受不了你了，我要离开你，我觉得跟你在一起挺耻辱的。

车夫大惊，你不觉得我风光吗？他夫人说，你以为什么叫做风光？像人家晏婴那样身怀济世之才的人，都如此谦恭，坐在车里毫不张扬；而你不过就是人家的一个车夫而已，却洋洋得意！你整天跟晏婴这样的人在一起，却不能从他身上学到一点东西来反省自己，这使我对你很绝望。跟你生活是我人生最大的耻辱了。

后来这个事情不知怎么的，就传扬出来，晏婴听了之后，就对这个车夫说：就冲你有这样的夫人，我就应该给你一个更好的职位。因此提拔了这个车夫。

常人在与品德高尚的人相处，总是能从他身上学到很多的东西，而晏婴的车夫不但没有学到他的谦逊，反而以此沾沾自喜，所以他夫人才会对他绝望。而晏婴听了这件事之后，反而提拔这个车夫，就是因为他的夫人的品德，他认为车夫能有这样一位贤惠的妻子，朝夕相处之下，将来也一定会有所作为。

一个好的朋友会当面指出你的过错，让你知道自己的不足，从而自我弥补，他不会计较你是否会记恨他，只是为了让你变得更好。而一个坏的朋友，在明知道你有过错的时候，也不会挑明，只是一味的阿谀奉承，将你吹捧得十全十美，让你得意忘形、飘然若仙，最后渐渐的迷失自己。

子贡和原宪都是孔子的学生。原宪很穷很穷，他住的地方看起来惨不忍睹，外面下大雨，里面下小雨，门也没有门闩，因为里面没有东西可以偷。而子贡则做了鲁国的大夫，身上穿绫罗，出门有车马。

有一次，子贡坐着高大的马所拉的马车，身上穿着锦缎丝绸做的衣服去看原宪。但是马车太大，巷子太小，进不去，子贡只好走下来，按照门牌号码去找。

找到之后，他对原宪说道："老兄，你怎么落魄到这种地步呢？"

原宪听了这话，脸色一板说："我听说，没有财产的人叫做穷困，有道德、有理想不能实践才叫落魄，我虽然穷困，但不是落魄。"

子贡听了这话后满脸羞惭。

原宪便是这样一位益友，在子贡熏熏然得意的时候，当头棒喝，让他不要忘记自己理想和本心。

曾经有人说过，人就像是一个新鲜的苹果，如果把它放在一堆新鲜的苹果当中，它可能很久都不会变质，但若是把它放在一推烂苹果里，恐怕不用三天就烂光了。

《三字经》当中的“昔孟母，择邻处！”说的也是这个道理，孟母数次换居就是想给孟子换个好环境，让他和有品德的人接触而远离无德的人。这也是“孟母三迁”这个成语的由来。

比而不周，谨慎错误的交友观

君子周而不比，小人比而不周。

——《论语·为政》

君子合群而不与人勾结，小人与人勾结而不合群。

一个君子的做人处世，对每一个人都是一样，不是说对张三好，对李四则不好，这就不对了，这就叫比而不周了。你拿张三跟自己比较，合适一点，就对他好，不大同意李四这个人，就对他不好，就是“比”。

一个大政治家是和宗教家一样，爱人是不能分彼此的，我们对于人，好的固然好，爱他；但对不好的更要爱他，因为他不好，所以必须去爱他，使他好。这是一个真正的大政治家，也就是宗教家，也就是教育家的态度，这就是“周而不比”，要周全，不能比附一方。

其实亲近喜好相近、志趣相投的人，本来不算错误。每个人都可以保持自身的个性、爱好，遇到兴趣相投合的人，乐意与之相交，是人之常情。但若是以之结党营私，谋求私利而有损大公，那便是大大的不该了。

孔圣人所说的“周”，其意为以道德忠义团结人，“比”则是以暂时的共同利害互相勾结。可是，联系现实社会生活中的一些人，他们偏偏钟爱于“比”，背离组织原则，常常聚集在一起唧唧咕咕，今天说这个不是，明天说那个不好，全以个人的好恶出发，或者今天你帮我解决点什么，明天我为你办理点什么，相互得利，可损害的却是公众的利益。

北宋大文豪苏轼便是一个“周而不比”的君子，王安石变法，主持庆历新政时，虽然他和王安石私交不错，但由于感觉到了新政的种种弊端，不愿为了自己的私利而盲目支持，导致被贬黄冈。

后来新政失败，王安石罢相，司马光等一系旧党重新掌政，因为他反对新政的缘故，就将他重新召回，希望他能成为旧党的骨干。不过苏轼却是个有原则的人，虽然新政有着种种纰漏，但旧党的一些做法，一样让他觉得不合时宜，他并没有因为王派对他的政治打击，就全盘否定新法的作用。这就惹恼了当权者，所以不久之后，他再度被贬。这一次却是遥远的海南。

苏轼被王安石和司马光先后两次贬斥，但是这两人却都对他有很高的评价。

苏轼步入政坛，一直都是司马光所提携的，而苏轼也一直非常的敬佩司马光的品德，若不是有司马光，也许他根本就进不了神宗皇帝的法眼。

而王安石，当年“乌台诗案”时，苏轼因为一首诗而获罪于君，险些被砍头，那个时候他很多的友人都噤若寒蝉，不敢出面求情，但是身为政敌的王安石却给皇帝上书道：“安有圣世而杀才士乎？”这才保住了他的一条命。

后来王安石赋闲金陵，苏轼前往探望，两人还和诗一首，王安石作：北山输绿涨横陂，直堑回塘滟滟时。细数落花因坐久，缓寻芳草得归迟。

苏轼和：骑驴渺渺入荒陂，想见先生未病时。劝我试求三亩宅，从公已觉十年迟。

纵观苏轼的一生，几乎是没有私敌的，在公事上，他向来对事不对人，不因私利而结党，也不因利益冲突而怨恨别人。真真正正地做到了“周而不比”，算得上是儒家君子的典范了。

有一个形象的比喻，古写的篆文“比”字，象形两个人相同，同向一个方向，所以“比”就是说要人完全跟自己一样，那就容易流于偏私了。因此君子周而不比，小人呢？相反，是比而不周，只做到跟自己要好的人做朋友，什么事都以“我”为中心、为标准。

其实，要做到“周而不比”最关键的就是“爱”，这“爱”说的不是“私爱”，而是“大爱”，就是对天下人都要有爱心，无论他好还是不好。

苏轼的一生中，朋友有很多，相熟的更多，而且各个阶层的都有，有和尚、道人、底层百姓、商人、普通官员等，他对他们每一个人都很好。

他被贬海南的途中，有一位经商的朋友不远千里一路护送。他在海南的时候，日常生活条件极差，但当地的百姓都对他非常照顾，邻近的农户还教他如何种田。这无疑也可以说明“周而不比”的苏轼待人很亲和，也能得到众多人的爱护。

容人所短，别奢求改变对方

子曰：『君子不重则不威；学则不固；主忠信；无友不如己者；过则勿惮改。』

——《论语·学而》

君子如果做事轻率不厚重，就会失去威信。要坚持学习，不盲目塞听。以忠诚，守信为做人的准则，不与不如自己的人交朋友。犯了错误，不要害怕它，及时地改正它。

上面这段是对孔子这句话的传统解释，不过对于“无友不如己者”这句，向来都有很大的争议。“不与不如自己的人交朋友。”儒家一向将“谦逊”奉为信条，这句话显然与孔子的为人准则是相违背的。

著名哲学家李泽厚在他的《论语今读》里也说，用逻辑中的归谬法就没法解释这句话，每个人都要跟比自己强的人交朋友的话，那从逻辑上来讲就没人能有朋友了。所以，他一直将这句话视为《论语》中的糟粕。

“无友不如己者”并非指不要与不如自己的人交朋友，而是说不要看不起任何一个人，不要认为任何一个人不如自己，你身边的每一位朋友都有他的过人之处。

人与人相交，各有各的长处，他这一点不对，另一点会是对的。不因其人而废其言，不因其言而废其人。这个家伙的行为太混蛋了，但有时候他说的一句话，意见很好。不要因为他的人格有问题，或者对他的印象不好，而对他的好主意，硬是不肯听，那就不对了。

这个解释看似与原文有些脱节，但深刻理解，就会发现，这正符合孔子“谦逊”的处世标准，与“三人行必有我师”之说正好前后呼应。

中国文化中友道的精神向来都有“规过劝善”一说，认为朋友有了过错，就要想办法帮助改正，朋友有不足，也要想办法弥补，这才是真正的朋友。这当然是不能算错的。但是，这当中也涉及到一个“度”的问题。

每个人都有自己的长处和短处，我们不能依照自己的标准去要求别人，不能因为朋友在某一个方面做得不好，就要求他一定要做到跟自己一样。因为有很多别人可以做到的事情，我们同样也做不到。

古时候有位少年，经常遭到私塾老师的批评同学的嘲笑，被人们称为“傻子”。后来因为成绩太差，被老师劝退了。回到家里，父母暗自叹惜，却也无可奈何。但是人总要生活，所以他只好出去寻找一份活计养活自己，可是没有人愿意用他。

有一天，再次遇挫的他情绪低落到极点，沉浸在痛苦中的他不知不觉地走到一个小河边，他坐在一块石头上抽泣。这时候，一位老人向他走来，并主动和他搭话。他停止了哭泣，看了一眼这个老人，他注意到眼前的这位老人是一位残疾人，瞎了只眼睛，少了一只胳膊。

望着眼前这位可怜的老人，觉得他应该会是自己的一个真实的听众，所以就把自己学业失败和生活的不顺的遭遇全告诉了这位老人。老人没有马上答话，而是吹起口哨，没有想到的是，周围的鸟儿听到优美动听的哨声，竟然从四面八方聚拢过来，落在老人的肩上和附近的树上，哨声悠扬悦耳，鸟鸣嘤嘤成韵，哨声和鸟鸣声竟然融为一体。过了一会儿，老人停下来，告诉他：“每个人来到这个世上总有一样比别人强，我有，你也一定有。”

后来，他以老人的话激励自己永不放弃继续找。过了一段时间，他终于找到了一份修剪花草的工作，他成了一名园丁。在这里，他的潜能得到了尽情的发挥，经他侍弄的花草不仅鲜艳美丽而且有灵性，经他整修的园圃别具一格。他的创造性工作得到人们的赞赏。

这个傻少年自从选择园丁这个职业，他的人生变得越来越精彩，多年之后，这位少年成为享誉全城的园艺师。

上面的故事，不正好说明了“尺有所短，寸有所长”的道理吗？人之五指各有长短，但却各有各的用处，我们不能用食指代替大拇指，也无法用小拇指代替中指，不也正是因为个体的差异性，才有了不同的社会分工吗?

这个世界上的每一个人都是一个独立的个体，没有谁能够制定出适合所有人的法则与规定，我们那一套只适应于自己的做事理念，不可能适合所有人。朋友相交，是要在相互学习中共同进步的，而不是一方对另一方的单方面改造。

与人相处最重要的是要懂得“尊重”二字，尊重别人的同时也是尊重自己，我们不能将自己的标准、理念强加于人，因为每个人都有自己的人格，没有人会是谁的附属。

以利交友，利穷则人散

子曰：『放于利而行，多怨！』

——《论语·里仁》

孔子说：“如果一切都依照是否有利于个人私利来行事，就会造成别人对自己的怨恨。”

在《论语别裁》中，解释这句话的时候，将它引申到了交友之道上，他说对于朋友，若是以利害相交，要当心，这种利害的结合，不会有好结果，最后还是怨恨告终。

现代社会，急功近利者多如牛毛，急公好义者少之又少。很多人都是以利交友，友情的关系网以利益为基础。当赖以生存的共同利益不复存在的时候，这张关系网也就随之破裂。这种不稳固的“朋友关系”相互之间只有利用，自然禁不起风吹雨打；当无利可图的时候，朋友也就形同陌路了。

三国时期，孙刘连横抗曹，赤壁一战，曹操七十万大军转瞬化作飞灰，三足鼎立之势因此而成。而当曹操退守江北之后，孙刘两家却因为荆州归属，矛盾渐生，最后刀兵相向。这便是“以利相交”的缘故。

细观孙刘联盟的原因，就是因为曹操威胁到了他们的生存，这生存便是他们共同的利益。曹操大败之后，生存的危机就解除了，共同利益也就没有了，这脆弱的利益联盟自然便土崩瓦解了。

这正如《文中子》中所述：以势交者，势倾则绝；以利交者，利穷则散！如果用权势去与人交朋友，当权势倾覆的时候，朋友关系就断绝了。如果用利益去与人交朋友，没有利益的时候，则关系自然就散了。

那些整日围在你身边，和你交杯换盏、把酒言欢的，不一定是真正的朋友。而那些看似远离，在你快乐的时候，不去奉承你；在你需要的时候，默默为你做事的人，才是真正的朋友。

真正的朋友从来都不是靠着钱财、权势、利益结交而来的，因为真正的朋友之间从来都不会在乎金钱的得失。

管仲，名夷吾，字仲，他幼年时，常和鲍叔牙一起游山玩水，交情深厚，相知有素。年轻的时候，管仲家里很穷，又要奉养母亲。鲍叔牙知道了，就找管仲一起投资做生意。做生意的时候，因为管仲没有钱，所以本钱几乎都是鲍叔牙拿出来投资的。可是，当赚了钱以后，管仲却用挣的钱先还了自己欠的一些债，而到了分红的时候，鲍叔牙分给他一半的红利，他也就接受了。

鲍叔牙的仆人看了非常的生气，就对主人说："这个管仲真是贪心，本钱拿的比您少，分钱的时候却拿的比您还多！"

鲍叔牙却对仆人说："不可以这么说！管仲不是个贪财的人，他家里那么穷，又要奉养老母，多拿一点又有什么关系呢。"

管仲也曾从军出征，在战场上多次临阵脱逃。有人便讽刺管仲胆怯，鲍叔牙则极力为其辩解，说这是因为管仲家有老母，需要他孝养侍奉，故不能轻生。

在他们步入政坛后，管仲辅佐公子纠，而鲍叔牙则辅佐公子小白，后公子小白得齐国王位，称齐桓公，桓公要封鲍叔牙为宰相，但鲍叔牙却一再推辞，反而推荐管仲，自己则作为管仲的下属，后来管仲果然助齐桓公成就霸业。

有人将朋友分为三种，第一种为利害上的朋友，也就是我们说的利益之交，第二种是经济上的朋友，我们可以称之为通财之宜，第三种是道义之交。

利益之交，交情全都系之于利益，算不上真正的朋友。通财之宜说的就是朋友之间可以互通有无，不计较钱财得失，这是非常难得的。而最可贵的就是道义之交了，相识相交全在本心，完全没有一丝利害杂质。

管鲍之交被千古传诵，便是因为他们相知有素，而且丝毫不计自己名利得失。这就是真正的道义之交。

见贤思齐，以交良友

子贡问为仁。子曰：『工欲善其事，必先利其器。居是邦也，事其大夫之贤者，友其士之仁者。』

——《论语·卫灵公》

子贡问怎样修养仁德。孔子说：“工匠要做好工作，必须先磨快工具。住在一个国家，要侍奉大夫中的贤人，与士人中的仁人交朋友。”

孔子是晓得利用关系的。他要到某一国家去，达到某一个目的，先要和这个国家的上流社会，政府首长的关系，都搞得非常好，同时把社会关系搞好，然后才可以有所作为，达到仁的境界。

孔子这些话，看起来是教人使用手段。事实上任何人，任何时代，都是如此。但最重要的一点，是要为仁，目的是做到仁，是救世人。

一个人的力量终究是有限的，如果我们怀着一个远大的目标，那势必不能光靠自己一个人的力量来完成。有时候，适当地借用别人的力量，来完成自己想做而做不到的事，也不失为一种成功的法门。

汉高祖刘邦在当上皇帝之后，曾经问他的臣属，说我和项羽争夺天下，项羽英勇盖世，但为什么最后得到天下的是我而不是项羽呢？众人回答各有不同。高祖说，你们都只知其一未知其二，在制定方略，取得长远胜利上，我不如张良；在治理国家，安抚百姓，稳固后方，筹集军饷上，我不如萧何；在带军打仗，每战必胜、攻必克上我不如韩信，但张良、萧何、韩信这样的人才却都能为我所用，这就是我成就大业的重要因素。而反观项羽，仅仅就一个范增还不能充分的任用，这才是他丢失天下的原因。

刘邦用人不疑，疑人不用，对于善谋断的张良，刘邦让他运筹帷幄，统领全局；对于会打仗的韩信，刘邦授之于兵马大军；对于善于治政的萧何，刘邦则让他管理钱财政事。正因为他这种海纳百川的气魄，让很多敌军部队中的人才都投奔过来，韩信、陈平等人都曾经在项羽的帐下听用，就因为项羽不善用人，这才投奔刘邦。

而刘邦手底下的人也是形形色色，高低贵贱都有，张良是贵族、萧何是县吏、韩信平民、陈平是游士、娄敬是车夫、樊哙是屠夫、灌婴是布贩、彭越是强盗……

正是因为他能够知人善用，利用每一个人的优势，所以他才能推翻暴秦，战胜强楚，从一介布衣，最后成长为一位千古明君。

古来成就大事的人，都不是孤军奋战者，能恰如其分的利用别人的能力，来办成自己的事，可谓是“借力”之中的高手。

三国时期的袁绍，乃是公卿之后，袁家四世有五人位居三公之位，后群雄割据，势力最强盛的时候，占据的北方四州之地，是当时天下最强大的势力。可因为他刚愎自用，不能很好的运用手下的人才，最后在官渡之战中大败于曹操之手。

而与之相反的刘备，虽说是中山靖王之后，皇室后裔，但其实也不过是个织席贩履的小贩，没有经世之才，亦没有万夫不当之勇，但却靠着别人的力量最终三分天下，成就帝王霸业。他先是投奔公孙瓒，后又投奔徐州陶谦和河北袁绍，继而依附荆州刘表，借各方力量在乱世生存，后又借助东吴的力量大败曹操，得以占据荆襄，为成就大业打下了基础。

正所谓“一个好汉三个帮，一个篱笆三个桩。”好汉要成事离不开帮手，篱笆要站稳，离不开几个桩。不仅帝王将相需要借他人之力，就是平民百姓也离不开个三朋四友，平时有个紧急时刻，也有几个说话的、帮衬的，遇事方能从容应付。

《诗经·小雅·鹤鸣》中有云：他山之石，可以攻玉。

在现代社会中，我们要做到取长补短广交友，不能总是盯着别人的缺点，不要计较对方的身份、辈分、阅历等，而是应多看看别人的优点和专长，在需要时，把别人的优点和专长拿来为己所用，既弥补了自身能力的不足，又有助于自己做事情。

拿捏分寸，适当的距离才是美

夫爱马者，以筐盛矢，以蜃盛溺。适有蚊虻仆缘，而拊之不时，则缺衔毁首碎胸。意有所至而爱有所亡。意有所至而爱有所亡，可不慎邪！

——《庄子·人间世》

爱马的人，以精细的竹筐装马粪，用珍贵的蛤壳接马尿。刚巧一只牛虻叮在马身上，爱马之人出于爱惜随手拍击，没想到马儿受惊便咬断勒口、挣断辔头、弄坏胸络。本意是爱马，却使马受到伤害，能够不谨慎吗！

任何一个人，都有自己的意志，专注在哪一点的时候，什么也无法改变。一个人入迷的时候，你要劝他“回头是岸”难上加难。所以，明知道你为了他，有时候他出于自己的利益需要，就忘记你是为他着想了。因此人与人之间很难相处，无论夫妻、父母、兄弟还是朋友，总是“意有所至而爱有所亡”。

比如在日常的人事交往中，我们关心某个人，给他提了一些意见，你也许是出于善意，但对方却未必能够理解我们对他的善意，就像那匹马不能理解爱马者为其驱蚊灭虻的那份善意一样。

这正如孔子曾经告诫子贡：“忠告而善道之，不可则止，毋自辱焉。”一个问题，说的次数多了，有时会招致对方的反感，若别人听不进你的建议和忠告，说得次数多，朋友反而会与你慢慢疏远。

对爱的认同，需要双方心灵的契合。因此，爱既要考虑对象和条件，也要考虑方式方法，既不要使爱成为一种负担，也不要使爱变成一种伤害，不要无意中得罪了人却不自知。

每个人的心里都会有一道防线，以保障对自己心灵的绝对支配权。若不了解这点，过多的干涉，他就会明显感觉自我受到了侵犯，有可能不但不接受你的好意，反而表现出不友善的态度。虽然，他内心明白，建议是为他着想，然而怒气上来头脑一热，想到的便只有坏处了。

孔子说："近之则不逊，远之则怨！"亲近他们，他们就会觉得不恭敬，疏远他们，他们也会暗生怨恨。因此，与人相处，这个"距离"二字是相当重要的！

一场大雪，森林中温度骤降，两只刺猬被寒风冻得直发抖。为了不被冻死，它们只好紧紧地靠在一起相互取暖，可是却又很快地分开了，因为它们身上的尖刺刺痛了对方。

但由于天气实在太冷了，他们只能继续地向彼此靠拢，然而靠在一起时的刺痛使它们又不得不再度分开。就这样反反复复地分了又聚，聚了又分，不断在受冻与受刺两种痛苦之间挣扎。最后，这两只刺猬终于找出了一个适中的距离，既可以互相取暖而又不至于被彼此刺伤。

两千多年前，庄子看着人们屋檐下飞进飞出的燕子，若有所悟，他说："鸟都怕人，所以巢居深山、高树以免受到伤害。但燕子特别，它就住在人家的屋梁上，却没人去害它，这便是处世的大智慧。"

人类见着鸟举枪便射，却对身边萦绕的燕子视而不见。燕子的叫声婉转，却没有一个人将燕子放到笼子里，以听它的叫声取乐。燕子智慧的核心是什么？那就是距离。

人的感情是很复杂的，你不能离得太近，也不能离得太远。比如珍禽猛兽害怕人，躲得远远的，人便结伙去深山猎捕它们，这是因为离人类太远。家畜因完全被人豢养和左右，人便可以随意杀戮，这是因为离人类太近，近得没有了自己的家园。只有燕子看懂了人类，摸透了人类的脾气，又亲近人又不受人控制，保持着自己精神的独立，所以它们可以和人类和睦相处。

第十一章

借力

他山之石，可以攻玉

国学之智

明·张宗苍　山水图

集思广益，博采众家之智慧

知不知，上。不知知，病。夫惟病病，是以不病。圣人不病，以其病病，是以不病。

——《道德经》

老子说：“知道自己对这个世界上很多事情不了解就是高明，认为自己什么都知道就是缺陷，因为有自知之明，所以就没缺陷。圣人之所以没有缺陷，就在于有自知之明。”

睿智的人，绝不轻用自己的认知来处理天下大事。再明显地说：必须集思广益、博采众议，然后有所取裁。所谓知者恰如不知者相似，才能领导多方，完成大业。

一个人，不管他有多大能力，他的智慧和才能都是有限的。唯有借助他人的能力和智慧为我所用，广采博集，取长补短，发挥集体的智慧，才能在现代社会的竞争中站稳脚跟。

相传，佛祖释迦牟尼问他的弟子：“一滴水怎样才能不干涸？”弟子答不上来，释迦牟尼说：“只要把它放到大海中去就可以了。”

一个人的智慧和力量是有限的，集体的智慧却是无穷尽的。比如打篮球，尽管你的技术很好，但如果在场上不和其他的队员配合，只打个人英雄球，那就不可能赢得比赛。就算是最伟大的篮球运动员，也不可能一个人战胜一支球队，即便是一支最蹩脚的球队。

浩瀚的大海是由千千万万滴水汇聚而成的，集体的智慧和力量也是由个人智慧聚集而成的，只要每一个人都发挥才智，集体的智慧和力量就会无穷无尽。古人云：三人行，必有我师。借助别人的智慧来解决问题，往往能够收到事半功倍的效果。

三国时期的刘备，智谋比不上诸葛亮，勇猛比不上关、张、赵、黄、马等五虎将，可他却能借用他们的智慧和才干帮自己建立功业。

韩非子中有云："上君尽人之智，中君尽人之力，下君尽己之能。"那些善于借别人智慧的人往往能够集众人智慧于己身，成就常人无法成就的事业。

一个家奴发动了政变，并且冒充王位继承人夺取了王位，成为了新的国君。后来，有七个反对他的诸侯联合推翻了这个政变的家奴。

政变平息后，就要选出新的国君，因为以前的国君没有继承人，所以这个国家的臣民们决定，在这七个诸侯中选出一个来当国君。

但是这七个人功绩相当，能力和声望也差不多，大家都不知道到底该选择谁。最后，他们商定，第二天一早大家到一处树林见面，谁的马第一个嘶鸣，谁就是新的国君。

其中有一个人，他很想当国君，可是又想不出什么好办法，于是就去请教他的马夫。

马夫说："这个好办，先在小树林里拴匹漂亮的母马，然后你骑自己的公马去赴约，公马见了母马，就会变得兴奋起来。"

第二天，这人依计行事，公马一闻到母马的气味，果然兴奋地大声嘶鸣。于是，他如愿以偿地当上了国君。

正所谓“智者千虑必有一失，愚者千虑亦有一得。”一个人无论怎样博闻强记，所能拥有的知识总是有限，所以一个聪明的人学习知识和本领都会有所侧重，也许对你来说很陌生很难做到的事情，别人却是司空见惯，轻而易举就可以做到。

个人也好，集体也罢，不要因为别人的能力比你强就去嫉妒他、排挤他，而应懂得借助他人的力量与智慧，为我所用。当我们遇到难事的时候，不光要靠自己绞尽脑汁、冥思苦想，还要懂得不耻下问、集思广益，这样既能解放自己，更能获得令人满意的结果。

俗话说：三个臭皮匠，赛过诸葛亮。一人计短，两人计长。善于利用他人的智慧，是步入成功殿堂的最坚实的基石。在这个世界上，的确没有谁可以做到“十八般武艺样样精通”。

虽然我们凭个人的努力不能成为“全才”，但是却可以充分地利用他人的智慧为己用，以成就伟大的事业。遍数历朝历代的贤君名将，往往都是通过充分利用部下的智慧和潜能来成就自己的事业的。

不拘一格，每一个人都有他的优势

子谓仲弓曰：『犁牛之子，骍且角，虽欲勿用，山川其舍诸？』

——《论语·雍也》

孔子谈到仲弓时说：“耕牛产下的牛犊长着红色的毛，角也长得整齐端正，人们虽不想用它做祭品，但山川之神难道会舍弃它吗？”

仲弓就是冉雍，孔子最得意的学生之一。孔子曾说过他有成为将相的才具，谓之“可使南面”。可惜他出身不好，家境贫苦，他父亲当时品性也并不高。这话，就是孔子勉励他的。

天地神明也不会把有用的才具，平白地投闲置散的。我们心里不要有自卑感，不要介意自己的家庭出身如何，只要自己真有学问，真有才具，真站得起来，别人想不用你，天地鬼神都不会答应的。

成就一番事业需要什么？首先需要的是一个目标，一个志向，接着便是能帮助你实现目标，成就功业的人。志向目标是我们前进的动力，但是若是只有志向，而没有做事的人，那所谓的志向就只能是空中楼阁了。

安德鲁·卡内基说：“带走我的员工，把工厂留下，不久后工厂就会长满杂草；拿走我的工厂，把我的员工留下，不久后我们还会有个更好的工厂。”

由此可以看出，人才是成就事业的基础。任何一项活动都必须由人来进行，仅靠自己一个人必然是难以成就大的事业，这一点古今中外莫不如此，古来成就一番功业的帝王，哪一个手下不是人才济济，只要有人才，一切都是有可能实现的。

战国时期，齐国乘燕国内乱之机举兵伐燕，燕国大败，燕王和其执政大臣大多皆死于战乱。内乱加外患，使燕国四野凋敝，民不聊生。公元前311年，燕昭王继位，决心招纳贤才、兴国雪耻，却忧虑燕国国小力薄，贤才难求。于是，昭王去拜访老臣郭隗，希望他能给自己出个招贤纳士的方法。

郭隗没有直接回答燕昭王的问题，却讲了一个故事。说：有一个国君愿意出千金来购买千里马，可三年过去了，千里马仍没买到。这时，有个侍臣向国君请求出去寻求千里马。侍臣找了三个月，终于找到了线索，可到地方一看，马已经死了。侍臣拿出了五百金买回了那匹千里马的头骨。国君非常生气：“我所要的是活马，怎么能把死马弄回来而且还用了五百金呢？”侍臣回答说：“您连死马都要花五百金买下来，何况活马呢？消息传出去，很快就有人把千里马给你牵来。”果然，不到一年时间，就有好几匹千里马送到了国君手中。

郭隗说完这个故事，说：“大王一定要征求贤才，就不妨把我当马骨来试一试吧。”

燕昭王听后大悦，便敬拜郭隗为老师，还立即下令为他修建了华丽的馆舍。结果不到三年间，苏秦从东周洛阳而来，邹衍从齐国而来，乐毅从赵国来投，屈景也从楚国赶来归顺。文武贤才，纷纷而至。

在这些人的帮助下，燕国逐渐强盛。燕昭王二十八年（前284年）燕国联合赵、楚、韩、魏诸国攻齐，上将军乐毅攻破齐国，占领齐国七十多城。

为政之要，首在得人。周文王渭水访贤，萧何月下追韩信，刘玄德三顾茅庐。古往今来，无数的事实证明，只有广泛吸纳人才，让这些学有专长的人来帮助自己，才能更好更快地达到预期的效果和目的。

清代龚自珍在《己亥杂诗》中写道：“我劝天公重抖擞，不拘一格降人才。”龚自珍认为一个国家要振兴，需要各方面的人才。因此在人才的选拔上，不应该拘泥于各种条条框框，只要是有一技之长者，都应收于己用。

舜发于畎亩之中，傅说举于版筑之间，胶鬲举于鱼盐之中，管夷吾举于士，孙叔敖举于海，百里奚举于市。自古英雄不问出处，无论出身如何，只要是人才都应该选拔出来，为己所用。所谓的“不拘一格”就是要打破规矩，打破标准，唯才是举。

武则天是用人唯贤的君王，在她执政期间，想出了很多办法来发掘人才，除了正常地科举考试以外，她还鼓励地方官员推荐和自荐。在这一过程中，不论出身门第，只要有才能都可以自荐。为了选拔出真正的人才，她还亲自主持人才的选拔。我们今天所熟知的科举考试的最后一关“殿试”，就是由她所创。

同时，她还一改以往只选拔文人的弊病，开设武科举，鼓励习武之人参加，以选拔能征善战的将士。武则天一朝，人才济济，李良嗣、狄仁杰、姚崇等人都是经武则天破格提拔，而凸显出来的能臣。

局限于各自的阅历和眼力，不是每个人都能成为伯乐。也许我们不能一眼就看出谁是贤才，谁是庸才。但是我们一定要有魄力，当你认定了一个人有才华后，就不能被一些细枝末节所左右。选拔人才的条条框框越来越多，你所能选到的人才就越少，而且，若完全是中规中矩的人，最后也未必会成什么大事。

很多人总是一边感叹着人才难求，一边却毫不犹豫地将大把的人才拒之门外。我们看看刘邦手底下都是些什么人吧：韩信是混子，樊哙是狗屠，彭越是强盗，周勃是吹鼓手，灌婴是布贩。就是这些人，刘邦一样委以重任，最后还就是靠着这些人成就了帝王霸业。

疑人不用，用人不疑

子曰：『孝哉闵子骞，人不间于其父母昆弟之言。』

——《论语·先进》

孔子说:“闵子骞后母对他不好，可是他依旧孝敬父母，爱护兄弟，而没有丝毫的怨言。”

闵子骞是孔子的学生，以孝著称，他的后母待他不好，冬天制棉衣，给亲生儿子用棉花做衬，而对闵子骞却用便宜而不能御寒的芦花，别人都看不惯他的后娘，看不惯他们兄弟之间悬殊的待遇。而闵子骞却对别人打抱不平的话都不听，仍然孝顺后娘，友爱异母的弟弟。后来终于把他的后母感动了。

很多家庭出了问题，根源并不在于家庭本身，旁边的亲戚、朋友、邻居之间，东讲西讲，而导致兄弟之间、夫妇之间，乃至婆媳之间出了问题，这就必须靠自己有主见。所以孔子说闵子骞的后娘是不好，闵子骞也明知道不好，可是他心里有数，无论别人怎么讲，他都可以不受影响。引申这个道理，就是古人有句话“疑人不用，用人不疑。”一边怀疑，一边又用他，这个问题就太大了，不但误了自己，更误了事情，这些都是要注意的。

武德二年十一月，唐高祖命秦王李世民率军征讨刘武周，不到两年，就将刘武周全军击溃。经过宇文士及劝降，尉迟敬德与刘武周麾下另一员大将寻相连同许多部下都投降了李世民。但是没过多久，寻相就带着其他将领叛逃了。

当时有人猜测尉迟敬德可能也会反叛，未向李世明请示，就将尉迟恭给抓了起来，还力劝李世民说："尉迟敬德本来就归降咱们不久，现在我们怀疑他会反叛，又关了他这么长时间，他必然心生怨恨，此人勇猛异常，留着将来可能是祸害，不如宰了利索。"

但是李世民却说："尉迟敬德是比寻相厉害的人物，他要是想反，还会落到寻相后头吗？"非但没有杀他，反而将他放了出来，并且召入卧室，温语相慰，还赠送了许多的金银珠宝。敬德被他的赤诚相见所感动，发誓"以身图报"，后来，果然为李唐王朝立下赫赫战功，更在后面的玄武门之变中帮助李世民夺得皇位。

李世民登基之后，鉴于历代帝王用人"多疑"的弊病，深感"傥君臣相疑，不能备尽肝膈，实为国之大害也"，决定用人不疑。他说："为人君者，驱驾英才，推心待士"。意思是为人君主，一定要对臣下以诚相待，这样天下英才才会任由驱使。

齐桓公成为四诸侯国盟主之后，时因宋国背盟而决定伐宋。途中遇到管仲推荐的卫人宁戚，在重用之前，有大臣建议先打听了解一下，齐桓公却说既然仲父推荐就不要打听了，省得知道一些小毛病影响对此人的重用，用人不疑，疑人不用。后来宁戚果然在劝说宋国与齐国订立盟约方面做出了贡献。

欧阳修曾经说过："任人之道，要在不疑。宁可艰于择人，不可轻任而不信。”要使用好一个人，必须做到信任一个人，否则有再好再多的人才也等于零。如果你根本就怀疑这个人，就不要使用，而使用的人才你就要放手让他去做，你做好保障工作就行了。

李牧是中国战国时期赵国的将领，战功显赫，生平未尝一败仗。与白起、廉颇、王翦并称战国四大名将。

公元前234年，秦王嬴政派将军桓齮攻赵，赵国派出的将军扈辄不敌败北，桓齮占领了平阳和武城。李牧临危受命，率军防守赵国都城邯郸。次年，李牧在宜安重创秦军，取得重大胜利，夺回了被秦国占领的土地，被封为“武安君”。此后，秦国不断的派出军队攻击赵国，均被李牧击退，李牧在赵国声望大振。

公元前229年，秦国趁赵国连年天灾再度发起攻击，李牧率军顽强抵抗。秦国见难以取胜，便派间谍贿赂赵国权臣郭开，要其离间李牧和赵王。由于李牧战功显赫，赵王心存畏惧，轻信谣言，下令李牧将兵权交给赵葱和颜聚。李牧知二人无能而拒交兵权，因此加重了赵王的疑虑，后被赵王派人暗中捕获，随即遇害。李牧死后三个月，赵国即被秦国所灭。

美国管理学家艾德·布利斯曾提出了一个观点：“当你授权的时候，要把整个的事情托给对方，同时交付足够的权力让他做必要的决定。”这就是著名的“布利斯原则”，管理者们也常常称此为“授权法则”。

“用人不疑，疑人不用”，这是管理中的重要原则。当管理者授权他人办事的时候，必须把足够的权力交付于他人，否则将会事半功倍，枉费力气。更有甚者，因为不信任，而使得自己和部下之间产生隔阂，最后让有才能的部下都纷纷离你而去，就像是赵王一样，因为猜忌自毁长城。

至察无徒，苛刻待人等于孤立自己

子曰：『居上不宽，为礼不敬，临丧不哀，吾何以观之哉？』

——《论语·八佾》

孔子说：“居于执政地位的人，不能宽厚待人，行礼的时候不严肃，参加丧礼时也不悲哀，这种情况我怎么能看得下去呢？”

天下无全才，不必求之太严。如果要求过严，希望别人都是圣人、全才，在道德上人人如孔子，而防他又如防土匪，用他又随便用得像机器，这是不可以的，切记居上要宽。

东汉史学家班固所著的《汉书》中有一句话：“明有所不见，聪有所不闻，举大德，赦小过，无求备于一人之义也。”视力敏锐却有所不见，听力灵敏却有所不闻。注重大的才能，放过小过小错，对人不求全责备。这才是一个明智的人所应该做的行为。

楚将子发的帐下有一个其貌不扬，号称“神偷”的人，此人无大才，一直也没有立下任何功勋，但是依然被子发奉为上宾。有一次齐国犯境，子发率兵迎敌。尽管楚军中也不缺乏智谋者和能征善战的将军，但是在强大的齐国军队面前，这些都显得毫无作用，楚军连败三场。大将子发无计可施，一筹莫展。

这个时候“神偷”主动请缨，前往齐国大营。趁着天黑，他来到齐国中军大帐，将齐军主帅的睡帐偷了回来。第二天，子发派使者将睡帐送还给齐军主帅，并对他说：“我们出去打柴的士兵捡到您的帷帐，特地赶来奉还。”当天晚上，神偷又去了齐军大帐，这一回，他把齐军主帅的枕头偷了回来。第二天再由子发派人送回。第三天晚上，他又把齐军主帅头上的簪子也偷了来。齐军主帅大惊，对幕僚们说：“如果再不撤退，恐怕子发要派人来取我的人头了。”于是，齐军不战而退。

《大戴礼记·子张问入官篇》中有云：水至清则无鱼，人至察则无徒。意思是说，河水如果太清澈了，鱼儿就没法在里面生存；一个人如果太过苛刻了，就很难交到朋友，没人敢跟他打交道。

一个上级领导不能有“察察之明”，太过精明，眼里一点都不揉沙子，不会装糊涂，这就是居上不宽，“金无足赤，人无完人”，若是你作为一个上级领导，不能容忍下级有一丁点的缺点，那做你下属的人日子可就不好过了。

其实，历史上许多有所作为的帝王，虽然遇到大事的时候，从来不含糊，但是在一些小事情上向来睁一只眼闭一只眼的，他们从来不会用自己的“察察为明”，把属下每天都给逼得战战兢兢，如履薄冰。

李卫，字又玠，江南铜山（今江苏省徐州市）人，清代名臣。康熙五十六年靠捐资入仕，成为兵部员外郎。李卫出生于江苏丰县一家家境比较富裕的人家，自小便没有什么读书的天分，不过家里对他的期望却非常大，一直都想让他入仕。最后，百般无奈之下，只好花钱捐了个小官。

原本像他这种不是科举出身的官员是不大会受重用的，但是李卫却有着当时官场上很多人没有的优点，他敢作敢为，不畏权贵，是一个不可多得的正直官员。李卫上任的时候，是康熙末年，官场中百蔽丛生。他一到任立刻进行整顿，毫不留情地弹劾了那些不法官吏，即使是皇亲国戚，李卫也不给情面。正因为这一点，他被极度厌恶贪腐的雍正皇帝看重，因而在雍正登基之后，立刻重用了他。

然而李卫身上一样有很多缺点，他生性骄纵，粗鲁无礼，尖酸刻薄。李卫在官场上的人际关系搞得并不好，他的很多同僚都对他不满，经常有人会向皇帝告他的状。然而雍正皇帝对于这样的一个人并没有求全责备，他曾这样说："李卫之粗率狂纵，人所共知者，何必介意。朕取其操守廉洁，勇敢任事，以挽回瞻顾因循，视国政如膜外之颓风耳，除此他无足称。"

正因为雍正皇帝这种"举大德，赦小过"的用人原则，不苛求属下的这些小过小错，所以终雍正一朝，李卫始终是荣宠有加。李卫读书不多，不认识多少字，但就是凭着这在当时士林"几近于文盲"的资历，最后竟然官至直隶总督。当然，他也为雍正皇帝严治贪腐、肃清吏治的诸多改革制度做出了莫大的贡献。

正所谓"冕而前旒，所以蔽明；黈纩充耳，所以塞聪。""旒"是指古代帝王礼帽前后悬垂的玉串。"黈纩"则是帽子两边悬挂于耳旁的黄绵所制的小球。这正是告诉那些古代的帝王们，作为一个上位者，凡是不能都明察秋毫，有的时候，适当地装装糊涂也是需要的，这样你的臣属才不会觉得有压力。

曲径通幽，直路不通走弯路

曲则全，枉则直，洼则盈，敝则新，少则得，多则惑，是以圣人抱一为天下式。不自见，故明，不自是，故彰，不自伐，故有功，不自矜，故长。夫！唯不争，故天下莫能与之争，古之所谓曲则全者，岂虚言哉！诚全而归之。

——《道德经》

委曲便会保全，弯曲便会伸直，低洼便会充盈，陈旧便会更新，索取少就会获得，带着贪念便会落空。所以有道的人坚守这一原则作为管理天下的工具。不自我吹嘘，反能显明；不主观臆断，反能是非彰明；不恶意吹捧，反能得到功劳；不骄矜自负，所以才能出人头地。正因为不带着贪念，所以遍天下没有人能与他争。古时所谓“委曲便会保全”的话，怎么会是空话呢？它确实能使人得到保全。

处世不要走直路，走弯路才能全，处理事情转个弯就成功了。比如说小孩玩火，直接责骂干涉，小孩跑了，但用方法转个弯，拿一个玩具给他，便不玩火了。这就是“曲则全”的妙处。

现在常常听到人一方面抱怨世事太艰难，人生的路越走越窄，看不到半点成功的希望，而另一方面他们又都因循守旧、不思变通，习惯在老路上继续走下去，从来都没有想过，也许稍稍改变一下思路，调整一下目标，就可能会出现“峰回路转”、“柳暗花明又一村”的意外惊喜。

其实网住马嘉鱼的既不是竹帘子也不是渔夫，而是它们自己，但凡它们能后退一步，或是转个弯，而不是一个劲的往里头钻的话，就不会“自投罗网”了。人生的道路其实有很多种走法，并不是非得学马嘉鱼一样，蒙着头不顾一切往前冲的，有的时候，变一变转一转，也许死路也是可以走活的。

太极拳中有个说法叫作“避实就虚”，就是告诉我们不要什么都以硬碰硬，要懂得迂回，迂回可以四两拨千斤，可以办到我们用平常办法所办不到的事情。

汉武帝的奶妈曾经在外面犯了罪，武帝知道后，决定要按法令治罪，奶妈无奈之下去向东方朔求救。东方朔听了后说道：“这不是光靠唇舌就能争得来的事，你若是一定想要把事办成的话，临走时，只可以连连回头望着皇帝，但千万不要多说无谓的话，这样也许能有万分之一的希望呢。”

奶妈被押上来见汉武帝时，东方朔也陪侍在武帝身边，奶妈依照东方朔所说，不敢说话，临走时也一言不发，只是频频回顾武帝。

这时，东方朔突然对她说：“你是犯傻呀！皇上难道还会想起你喂奶时的恩情吗？”武帝虽然才智杰出，心肠刚硬，此时也不免引起深切的依恋之情，悲伤地怜悯起奶妈，于是便下令免了奶妈的罪过。

当一个人发怒的时候，挡在他前面的都是要遭殃的，所谓“怒不可遏”，尤其是古代帝王专制政体的时代，皇上一发了脾气，要想把他的脾气堵住，那就糟了，他的脾气反而发得更大，不能堵的，只能顺其势，曲则全，转个弯，把他化掉就好了。

东方朔无疑是聪明的，懂得“曲则全，枉则直”的道理，如果，汉武帝的奶妈直来直往，想着往日的情分，直接求情说“我是你的奶妈，请原谅我吧”，只怕唯一的结果就是人头落地了。我们为人处世也应该学学这样，并不一定要什么事情都要直来直去的，有的时候迂回一下，走走弯路说不定效果更好。

朋友的优点你可以在大庭广众之下讲出来，但是朋友的缺点或是过失，一定要私下里告诉他，每个人都是要面子的，你当众戳别人的软肋，难保别人不对你怀恨在心。私下里说，既能达到目的，也不招别人怨恨，说不定对方还会在心里感激你呢。

善识时务，方为俊杰

六三，即鹿无虞，惟入于林中，君子几，不如舍，往吝。

象曰：『即鹿无虞，以从禽也，君子舍之，往吝，穷也。』

——《周易·屯卦》

追赶野鹿接近山脚无虞人引导，只身进入山林中，君子如明智，不如放弃。正如《象传》上所说：追鹿没有向导，是盲目的追逐猎物。君子应当舍弃，前往会耻辱，因为将无路可走。

人生最大的哲学是在“存亡”“进退”“得失”这六个字上。南怀瑾曾经说：“一个最高明的人，就是在这六个字上做得最适当，整个历史的演进也是在这六个字之间，该进的时候进，该退的时候退，如果在这些地方搞不清楚，就太没有智慧，太不懂人生，也太不懂做事了。”

很多人在工作当中，总是凭借一股劲横冲直撞，从来不对自身的实力和眼前的形势进行分析，结果最后往往折戟沉沙。量力而行，才能确保事情不会办砸。若是一味地好高骛远，而忽略了自身能力的问题，终究是要吃大亏的。因此，我们不能做那些蚍蜉撼树的傻事，任何时候都要保持头脑的冷静，学会审时度势，看清楚自己的实力，若是没有把握，该退的时候还是要退。

秦朝末年，陈婴为东阳令史，因为人谨慎讲信用，被人尊为长者。是时，天下大乱，群雄并起，东阳县的一些人杀死东阳令起义，但是因为群龙无首，于是请他来当首领。

陈婴的母亲是一个有点见识的女人，她对陈婴说：自从我嫁到你家后，就没有听说你家祖上有高位贵人，现今突然得到这么大的声望，恐怕会遭人嫉恨，成为众矢之的，你还不如另选人来做王，你当助手，事情成功了，能得赏赐，失败了，你也不是领头的，祸害也不大。

陈婴觉得母亲的话很有道理，而他也深知自己没有能力不足以领导大军。无奈骑虎难下，最后还是被强行推上了首领的位置。

正好当时项梁、项羽叔侄听说了东阳起义的事后，决定与他联盟，项梁还亲自写了一封信给陈婴。于是秦二世二年，陈婴率领起义军两万多人从属项梁。后来项梁立熊心为楚怀王，陈婴被任为上柱国，封五县。

任何事情都不是想当然可以成功的，判断一件事情可否去做，首先要考量的就是自身的实力，其次就是要抓恰当的时机，顺应时代潮流。正所谓“时势造英雄”，为何每当乱世，便有英雄辈出，就是因为被时代浪潮所推动的，若是逆时逆势而为，不要说你能力不足，便是你有翻天的本事也不可能成事。

一阵狂风刮断了一棵大树，大树倒下的瞬间，看见弱小的芦苇却完好无损，于是就问芦苇：“为什么这么粗壮的我都被风刮断了，而这么纤弱的你却什么事也没有呢？”芦苇回答说：“因为我知道自己弱小，所以就低下头给风让路，避免了狂风的冲击；而你却凭着自己粗壮有力，拼命抵抗，结果被狂风刮断了。”

《管子·宙合》中曾经讲到，圣贤之人身处乱世，如果明知道治国之道不可行，就会潜伏抑制自己以回避刑罚，静默以谋求幸免。所谓回避，就像夏天避到清凉之地，冬天避到温暖之地，这样就可以免去寒暑的侵害了，但这并不是因为怕死而不忠于国君，因为如果勉强进言就会遭受羞辱，而毫无功效，往上说，伤害了君主尊严的义理；往下说，伤害了人臣个人的生命，那不利是十分严重的。所以隐退而不肯扔掉笏版，停职却不放下读书，为的是等待清明时世。

微子原为殷商贵族，帝乙的长子，殷商最后一个皇帝帝辛的庶兄，帝辛也就是我们常说的商纣王。殷商末年，纣王无道，穷奢极欲，暴虐嗜杀，导致众叛亲离，国势日衰，微子屡次进谏，均不被采纳，于是乃出走避祸，后来殷商果然被周武王所灭。

武王灭商后，微子乃持商王室宗庙礼器，来到武王军营前，表示投降。他袒露上身，双手捆缚于背后，跪地膝进，左边有人牵羊，右边有人秉茅，向武王请罪。武王为了向天下人展示自己宽厚为怀，便将他释放，并宣布恢复他原有爵位。

有句俗话叫做:“识时务者为俊杰”，意思就是说人要“知进退，识时务”，只有认清天下大势、时代潮流的人才是杰出人物。正所谓“春采生，秋采蓏，夏处阴，冬处阳”说的就是为人处世要“因时而动，就势而为”。所以微子没有跟随商纣王赴难，而被周武王封于宋国，成为殷商遗民的领袖，使祖宗祭祀不灭，后代不断绝。这并不是因为怕死，而是为了留着有用之躯，做些有意义的事情，而不做无谓的牺牲。

当然，识时务的能力并不是天生具备的，这需要我们长期的沉淀积累，即便卧龙亦是如此。诸葛亮在隆中十余载，读了大量经史，诸子百家皆有涉猎，获得了丰富的政治、军事、历史等方面的知识，再加上他经常观察和研究天下大势，这才逐步形成了他独具慧眼的能力。

明·沈贞　竹炉山房图

第十二章 孝道

心存孝义自感天

国学之智

百善孝先，孝是一种回报的爱

宰我问：『三年之丧，期已久矣！君子三年不为礼，礼必坏，三年不为乐，乐必崩，旧谷既没，新谷既升，钻燧改火，期可已矣。』子曰：『食夫稻，衣夫锦，于女安乎？曰：安。女安！则为之！夫君子之居丧，食旨不甘，闻乐不乐，居处不安，故不为也。今女安，则为之！宰我出。』子曰：『予之不仁也！子生三年，然后免于父母之怀。夫三年之丧，天下之通丧也。予也，有三年之爱于其父母乎？』

——《论语·阳货》

宰我问:“服丧三年，时间太长了。君子三年不讲究礼仪，礼仪必然败坏；三年不演奏音乐，音乐就会荒废。旧谷吃完，新谷登场，钻燧取火的木头轮过了一遍，有一年的时间就可以了。”

孔子说:“才一年的时间，你就吃开了米饭，穿起了锦衣，你心安吗？”宰我说:“我心安。”孔子说:“你心安，你就那样去做吧！君子守丧，吃美味不觉得香甜，听音乐不觉得快乐，住在家里不觉得舒服，所以不那样做。如今你既觉得心安，你就那样去做吧！”

宰我出去后，孔子说:“宰予真是不仁啊！小孩生下来，到三岁时才能离开父母的怀抱。服丧三年，这是天下通行的丧礼，难道宰子对他的父母没有三年的爱吗？”

小孩子三岁才能离开父母的怀抱，尤其古时是没有牛奶的时代，要三年才能单独走路，离开父母怀抱，后来二十年的养育且不去管，这三年最要紧，就算是朋友吧！这两个老朋友，这样照顾了你三年，后来他们去世，这三年的感情，你怎么去还？所以三年之丧，就是对于父母怀抱了我们三年，把我们抚养长大了的一点点回报。

自古以来，我们就有“百善孝为先”之说，孝历朝历代无论是上位者，还是平民百姓都提倡的行为，春秋时期的诸子百家，虽然百花齐放，百家争鸣，所怀观点多有不同，但是对于“孝”之一字，却都是倍加推崇。

“孝”是我们民族的传统美德，但它也绝不仅仅只是美德而已，它还应该是一种责任，父母不但给了我们生命，还小心地呵护着我们成长，让我们一步步的走向成熟，这当中父母为我们付出了多少，我们绝对有责任回报父母的这份爱。

依稀还曾记得，2008 年汶川地震里那令人震惊的一幕：一个年轻的妈妈卷缩在废墟中，她的双膝跪地，整个上身向前匍匐着，双手扶着地支撑着身体，整个身体都被坍塌的碎石压得变了形，可是依旧牢牢地守护着身下的那一小片空间。

当救援队员把废墟清理开，将她的尸体从里面抬出来的时候，却发现在她的身体下面躺着她的孩子，包在一个红色带黄花的小被子里，大概只有三四个月大，因为母亲身体庇护着，他毫发未伤，抱出来的时候，他还安静的睡着。

随行的医生过来解开被子准备做些检查，发现有一部手机塞在被子里，医生下意识的看了下手机屏幕，发现屏幕上是一条已经写好的短信：“亲爱的宝贝，如果你能活着，一定要记住我爱你。”

唐代诗人孟郊的《游子吟》中写道：慈母手中线，游子身上衣。临行密密缝，意恐迟迟归。谁言寸草心，报得三春晖。

南怀瑾先生说:“中国讲孝，就是爱的回报。孔子说，当父母死了而真有三年怀念父母的心情，像父母当时对自己三岁以内这样爱护的有没有?连这个三年怀念都没有，哪里还谈得上孝字。到了最近几十年，‘孝子’的意思，是倒过来解释为孝顺儿子的。”

他还举了例子说明，话说明末清初文学家金圣叹曾经给儿子写过一封信，信中言道:我们虽然是父子，但是最初你也没有指定要我作你的父亲，我也没有指定要你作我的儿子，大家是撞来的，因为是撞来的，所以彼此之间，没有交情可谈。但是话得说回来，我和你的母亲两个人，从替你揩大便小便开始,照顾了你二十年。我们现在不要求你孝不孝,这些都是空话,只要求你把我们照顾你二十年的感情，也同样照顾这两个二十年就够了。

父母之爱博大无私，所以人人有孝敬父母的责任与义务，“回报”应当时刻铭记于我们内心，时刻牢记回报父母、感恩父母。

身体力行，孝不仅仅存在于形式

子游问孝。子曰：『今之孝者，是谓能养。至于犬马，皆能有养。不敬，何以别乎！』

——《论语·为政》

子游向孔子问关于“孝”的问题。孔子说：“如今所谓的孝，只是说能够赡养父母便足够了，然而，就是一匹马，一条狗我们还不是都能养活。如果不存心孝敬父母，那么赡养父母与饲养犬马又有什么区别呢？”

南怀瑾先生说：“现在的人不懂孝，以为只要能够养活爸爸妈妈，有饭给他们吃，每个月寄五十或一百元美金给父母享受享受，就是孝了。还有许多年轻人连五十元也不寄来的，寄来了的，老太太老先生虽然在家里孤孤独独，‘流泪眼观流泪眼，断肠人对断肠人’，但看到五十元还是欢欢喜喜。所以现在的人，以为养了父母就算孝，但是‘犬马皆能有养’，饲养一只狗、一匹马也都要给它吃饱，有的人养狗还要买猪肝给它吃，所以光是养而没有爱的心情，就不是真孝。孝不是形式，不等于养狗养马一样。”

《礼记》中讲到：“孝有三，大尊尊亲，其次弗辱，其下能养。”《礼记》将孝顺的行为分成三种：最高一种的是言语、行为和内心都能尊敬父母，其次一等是不打骂侮辱父母，对他们好，最后一种的是能给他们养老送终。奉养父母是最低等、最基本的一种孝顺罢了。

一位老人去拜见禅师，她说：“大师，我皈依净土三年了，但在三年里，我杀了很多动物，所以今天我要忏悔，希望消除我所做的罪过。”

禅师觉得很奇怪，于是就问她：“你为何皈依之后还杀生呢？”

老人说道：“大师啊！我的身心不自由，我家的儿女，说我信佛是迷信，所以她们故意买活的动物过来让我杀，我不杀，他们就生气，所以我为了家庭，经常杀生而炒菜，我每次杀生的时候，偷偷的哭，没有办法，他们还让我吃肉，他们总说我的身体不好，要补身体，他们这样做，认为非常孝顺，对我来说，我的生活还不如地狱，从今天起，我再也不想回家。”说着，老人泪流满面。

现在许多人所谓的“孝顺父母”都只是给他们吃好的，穿好的而已，很少会去在意老人心里的想法。

从前，有一位母亲生了两个儿子，母慈子孝日子过得非常惬意，直到有一天，母亲突然得到重病，生命垂危之际，兄弟两人请来了名医。名医诊断之后说：“这种病只有用虎骨配药才能医治。”

母亲说希望哥哥去找老虎，但此时哥哥心中却想：“母亲也太自私，她自己不想死，让我去找老虎，不是让我去送死吗，况且母亲已经老了，能治病也只能多活几年，而且我也没有能力啊，我碰见老虎多半还是被它吃掉，为了马上死的老人，失去自己性命这也太不值了。”所以找了很多借口。

然而这个时候，弟弟却决定帮助母亲去寻找虎骨，弟弟说：“母亲生我养我，如此大恩，就算母亲只能多活一天，失去我的生命，我也心甘情愿。”

听了弟弟的话，哥哥非但没有感到惭愧，反而想到：“若是弟弟去找虎骨，而我没有去，岂不是显得我很不孝顺，只有我们两个人都不去，别人才不会说什么？”于是哥哥便千方百计地阻止弟弟去寻找虎骨。最后，他们的母亲终于因为得不到虎骨而病死了。

现代社会，孝道渐渐地流于形式，许多人的“孝顺”不是为了老人，而是为了自己，他们不在乎老人到底生活得怎么样，只要世人觉得他们孝顺，那他们的目的就达到了。

随着各个大学自主招生政策的实施，许多学校都想借此摆脱应试教育的藩篱，于是乎，“综合素质”被摆上了台面。“忠孝礼仪”这些传统文化逐渐被重视。北京大学的校长推荐制度中就有一条规定，不孝顺父母的学生绝对不能被推荐。

当然效果如何我们另说，毕竟孝顺不孝顺只有父母自己知道，而父母为了子女能上名校，又怎么会说子女不孝顺呢?

不过我们还是由衷地希望，孝心工程能够落到实处，不要流于表面，我们每一个人也都能多为父母着想，而不能只走形式，不要只是按节给家里寄东西，有时间多回家看看父母，即便工作真的那么忙，抽不出时间来回家，那最起码也要打个电话，报个平安。有时候，一通电话也是一份孝心。

时不我待，勿有子欲养而亲不待的遗憾

孟武伯问孝。子曰：『父母唯其疾之忧。』

——《论语·为政》

孟武伯向孔子请教什么是孝，孔子说：“对父母，要特别为他们的疾病担忧，这样做就可以算是尽孝了。”

能够像父母关心孩子一样关心自己的父母的确是至孝。我们的一生似乎总是有忙不完的事情，在我们不断成长的过程中，独独忽略了父母逐渐衰老的事实，能够奉养父母，承欢膝下的时间也随之流逝。

仲由，字子路、季路，春秋时期鲁国人，孔子的得意弟子，性格直率勇敢，十分孝顺。早年家中贫穷，没有米吃，常常采野菜做饭食，但他怕父母身体不好，为了让父母吃到米，就从百里之外负米回家侍奉双亲。

后来仲由的父母双双过世，他南下到了楚国，楚王聘他当官，对他很是礼遇，俸禄非常优厚，每天吃的是山珍海味，每次出行随从的车马有百乘之众，所积的粮食有万钟之多。可是坐在垒叠的锦褥上，吃着丰盛的筵席，他却常常怀念双亲，慨叹说：“即使我想吃野菜，为父母亲去负米，哪里还有机会呀？”

现在总是听见人说，等我有钱了，我要大把大把地塞给父母，让老人家想怎么花就怎么花，想要什么买什么，想吃什么吃什么；等我有时间了，带着父母出去旅游，去环游世界，想去哪里去哪里，让父母能在有生之年玩个痛快。

这些人一定没有想过，等他有钱了，父母是否还能有牙口吃他孝敬的好吃的，等他有时间了，父母的腿脚是否还能走得动道。

有一个词叫做：“生命无常”，父母不会永远都是四十岁，他们不会永远都等在那里，让你从容地准备好一切，等待就意味着错失，而有些东西错过了，就永远都无法挽回了，只能成为你一辈子的遗憾。

孔子外出。听到有哭声非常悲哀，孔子说：“快赶车，快赶车，前边有贤者。”到了哭声传来之处，发现原来是皋鱼，他披着麻布短袄，抱着镰刀，在路边哭。

孔子下车对他说：“你家里莫非有丧事？为什么哭得这么悲伤呢？”

皋鱼说：“我有三件事情做错了，年少时出外学习，游学诸侯，回来后双亲已死了，这是第一错；因为我的志向高远，所以放松忽略了侍奉国君的大事，这是第二错；我跟朋友虽交往深厚，但却逐渐断了来往，这是第三错。树欲静而风不止，子欲养而亲不待，逝去了就永远追不回来的是时光；过世后就再也见不到面的是双亲，请让我从此告别人世吧。”于是站立不动被太阳暴烤枯槁而死。

孔子说：“你们应引以为戒，经历过这件事，足以让人知道该怎么做了。”于是，在这之后便有十三位学生向他辞别，要回家赡养双亲。

“树欲静而风不止，子欲养而亲不待！”风不止，是树的无奈；而亲不在，则是孝子的无奈。

曾经网上流传过一篇很火的文章，文章的名字叫做《你还有多少时间和父母在一起》，在这篇文章里，没有什么优美的语言，也没有什么感人肺腑的话，只有一堆枯燥的数据，但就是这么一堆枯燥的数据，却感动了无数人。

文章里说，对于现在很多在外地的上班的人来说，大多过年了才回一次家，一次回家的时间应该是 5 天到 10 天不等，我们就算是 10 天，而这十天的时间里，我们还要出去和朋友聚会，还要忙一些自己的事情，能待在家里的时间，也就是一半，也就是 5 天。现在我们国家的人均寿命是 72 岁。用 72 减去父母的岁数，再乘以 5 就可以得出我们还能够和父母在一起的时间了。

真是不算不知道，一算吓一跳，原来我们能和父母在一起的时间已经这么少了，即便他们还能再活三十年，算起来也只有 150 天，连半年都不到。

从小到大，我们都已经习惯了父母一直在身后默默地等着我们，我们的潜意识里总是认为，无论什么时候，只要我们回头，总是能够看到他们还一直静静地站在那里。

但事实上却并非如此，生命总是在悄然流逝，也许当你回过头来的时候，那个肩膀宽厚的父亲，那个手脚利索的母亲，却都已经是步履蹒跚，白发苍苍了。

又敬不违，一味顺从父母不算孝

子曰：『事父母几谏，见志不从，又敬不违，劳而不怨。』
——《论语·里仁》

孔子说：“侍奉父母，如果他们有不对的地方，要委婉地劝说他们，自己的意见表达了，见父母心里不愿听从，还是要对他们恭恭敬敬，并不违抗，替他们操劳而不怨恨。”

宋儒以后论道学，便有‘天下无不是之父母’的名训出现。因此‘五四运动’要打倒孔家店时，这些也成为罪状的重点。其实孔子思想并不是这样的，天下也有不是的父母，父母不一定完全对，作为一个孝子，对于父母不对的地方，就要尽力的劝阻。

孔子有个名为曾参的学生，是史上著名的孝子。一天，曾参在锄草时，误伤了苗，他的父亲曾皙就拿着棍子打他，曾参没有逃走，站着挨打，结果被打得昏了过去，过一会儿才悠悠苏醒过来。曾参刚醒过来，就问父亲：“您受伤了没有？”鲁国人都赞扬曾参是个孝子。

孔子知道了这件事以后告诉守门的弟子说：“曾参来，不要让他进门！”曾参自以为没有做错什么事，就让别人问孔子是什么原因。孔子说：“你难道没有听说过舜的事吗？舜小的时候，父亲用小棒打他，他就站着不动；父亲用大棒打他，他就逃走；父亲要找他干活时，他总在父亲身边；父亲想杀他时，无论如何也找不到他。现在曾参在父亲盛怒的时候，也不逃走，任父亲用大棒打，倘若真的死了，那不是陷父亲于不义吗？哪有比这更不孝的呢？你难道不是天子的子民吗？杀了天子子民的人，他的罪该又怎么样呢？”

《孟子·离娄上》上说：“不孝有三，无后为大。舜不告而娶，为无后也。君子以为犹告也。”这句话的表面意思是说，不孝顺的事情有三件，其中又以没有子孙后代最为重要。

其实这是被后世儒家的断章取义所曲解了，东汉经学家赵歧所做的《十三经注》中这样解释这句话：“于礼有不孝者三者，谓阿意曲从，陷亲不义，一不孝也；家贫亲老，不为禄仕，二不孝也；不娶无子，绝先祖祀，三不孝也。”他认为第一不孝，是“阿意曲从，陷亲不义”，是对父母无条件地屈从，容忍他们做不义之事。

南怀瑾先生说：“作为一个孝子，对于父母不对的地方，就要尽力的劝阻。‘见志不从’就是说父母不听劝导的话，那么就‘又敬不违，劳而不怨’，只好跟在后面大叫、大哭、大闹，因为你是我父母，你要犯法，我也没有办法，但是我要告诉你，这是不对的。你是我的父母，我明知道跟去了这条命可能送掉，因为我是你的儿子，只好为你送命，不过我还是要告诉你，这样是不对的。这种孝道的精神，就是说父母有不对的地方，要温和地劝导，即使反抗也要有个限度。应该把道理明白地告诉他，可是自己是父母所生的，所养育的，必要时只好为父母牺牲，就是这个原则。”

从前有一个叫做赵恬的人，他家里很穷，每餐都以米汤野菜为食，有一天他的父亲实在是嘴馋，很想吃肉，于是就偷了邻居家的一只鸡，他发现之后，就劝父亲把鸡还给邻居，但是他父亲没有答应，还是把那只鸡给宰了吃了。后来邻居发现少了一只鸡就来问他，他怕邻居告发他父亲让父亲坐牢，就包庇了他的父亲，可是最后还是被官府给查到了。官府派了衙差来索拿他的父亲，这时候，赵恬走出来说道，其实那只鸡是他偷来给父亲吃的。于是，衙差放了他的父亲，把他带到了公堂上。没有想到，这个知县非常聪明，一下子就把他识破了，在问明了事情的经过后，知县被他的孝心所感动，不但没有处罚他，反而又赏了他一只鸡，让他回去侍奉老父。

这个世界上，没有谁是不会犯错的，父母也是人，所以也会犯错，但是父母毕竟是父母，生我们养我们，即便是有错，我们也不能直言苛责，而应该多一点耐心，温颜劝慰。回想我们小的时候，谁不是三天两头犯错，不是砸了邻居家的玻璃，就是打了邻居家的孩子，哪一次不是父母陪着笑脸，带着我们，低三下四的给人家赔礼道歉外还加赔钱，这都是为了谁？作为儿女，我们应该牢记这一点，多一点宽容。小时候，我们犯了错，有父母帮我们承担，现在，我们长大了，父母老了，也是时候帮助父母承担一些责任了。

劳而不怨，给父母真诚的爱

子夏问孝。子曰：『色难。有事弟子服其劳，有酒食，先生馔。曾是以为孝乎？』

——《论语·为政》

子夏问孔子什么是孝，孔子说："做子女的要尽到孝，最不容易的就是对父母和颜悦色。如果仅仅是有了事情，儿女就替父母去做；有了好吃的就让父母先吃，你觉得这样就是孝了吗？"

态度很重要，好像我们下班回家，感到累得要命，而爸爸躺在床上，吩咐倒杯茶给他喝。做儿女的茶是倒了，但端过去时，沉着脸，把茶杯在床前茶几上重重的一搁，用冷硬的语调说：'喝嘛！'在儿女这样态度下，父母的心理难过，这是绝不可以的。所以孝道第一个要敬，这是属于内心的；第二个则是外形的色难，态度的。"

宋代大文豪黄庭坚就是个大孝子，自小侍奉父母极真诚而且无微不至。黄庭坚的母亲有洁癖，受不了便桶有异味，所以他从小就每天亲自倾倒，并清洗母亲所使用的马桶，数十年如一日。

后来他当了大官，家里有了很多的仆役，已成为当朝显贵的他本不用再亲自为母亲清洗马桶，但他却认为孝顺父母是为人子女亲自该做的事，不可以假托他人之手，尽心侍亲和当不当官是没有什么不同的。所以，依旧每天侍奉母亲至诚至孝，没有一丝懈怠。

当母亲病危的时候，黄庭坚更是衣不解带，日夜侍奉在病榻前，亲自尝试汤药，没有一刻未尽到人子的孝道。

苏轼曾经赞扬他“孝友之行，追配古人”。意思是说他孝顺父母，友爱兄弟的情操，就是比起古时的先贤亦不遑多让。

与黄庭坚一样侍奉长辈至诚至孝的还有石建，石建是西汉人，官至郎中令，位列九卿之一，这在当时应该算了不起的大官了，但是他依旧亲自洗涤老父的衣裤，因为他怕家里的仆役不用心，洗不干净，父亲穿着不舒服。可他又怕被父亲得知心中不安，所以每次都背地行事。他每隔五天回家休沐，就偷偷地让仆役取出老父近身所穿衣裤，亲自清洗干净，然后再悄悄交还给仆从。

后来，父亲去世时，他非常伤心，每天都垂泪哭泣。当时他已经年过七十，结果，仅仅一年，他也跟着去世了。

当然，以现代社会的生活水准，我们不用给父母洗马桶了，衣服也不用我们来洗，很多父母甚至都不需要儿女来养活，但这并不代表我们没有什么可以为父母做的了。

人常说：人越老越孤独。我们应当在满足物质条件的同时，多多关注他们的精神世界，了解他们的想法。许多老人要的不是多么优越的物质享受，他们真正想要的是来自儿女的精神上的关心和慰藉，只要自己的孩子能在闲暇时放下工作，开开心心地陪自己说会儿话，他们就很知足了。

春秋时期，楚国有位隐士名叫老莱子。老莱子自幼便十分孝顺，在他七十岁时，二老还健在。有一次，二老看见儿子日渐老去，便叹气说：“连儿子都这么老了，我们在世的日子也不长了。”

老莱子见状，便想了一个办法，他专门做了一套五彩斑斓的衣服，把自己打扮成孩童模样，蹦蹦跳跳的到了父母面前，一边嘻嘻哈哈大笑，一边做出孩童嬉戏的动作。两老看到儿子滑稽的动作，一时忘记了烦恼。

一天，他为父母取浆上堂，不小心跌了一跤，他害怕父母伤心，故意装者婴儿啼哭的声音，并在地上打滚，父母还真的以为老莱子是故意跌倒打滚的，见他老也爬不起来，乐得呵呵大笑！

从此，老莱子在父母面前绝不提老字，而且还常常扮成孩童模样，使二老得到快乐的晚年。

曾国藩就曾教育子弟说：“养亲以欢心为本。”欢心，实际上就是一种最大的孝顺。孝顺父母应该是一种爱，心中怀着感恩与爱去孝敬父母，那才是真正的孝。

回想一下，当我们跌倒的时候，父母多少次不厌其烦地拉起我们；当我们生病的时候，父母曾经多少次不眠不休地照顾我们；当我们迈步向前的时候，父母多少次不遗余力的支持我们；当我们遇到挫折的时候，父母又是多少次不辞劳苦的安慰我们。

父母对我们的爱无私而又深重，现在他们老了，我们为什么就不能对他们抱有一些感恩的爱心呢？也许我们做不到像他们爱我们一样爱他们，但至少要多一点耐心外加多一点宽容。